CHINESE ARCHITECTURE

中国建筑设计年鉴

上册

2020—2021

YEARBOOK

2020-2021

《中国建筑设计年鉴》编委会

——编

辽宁科学技术出版社

·沈阳·

图书在版编目（CIP）数据

中国建筑设计年鉴. 2020—2021 : 上、下册 / 《中国建筑设计年鉴》编委会编. —沈阳 : 辽宁科学技术出版社, 2022.3
ISBN 978-7-5591-1841-7

Ⅰ. ①中… Ⅱ. ①中… Ⅲ. ①建筑设计—中国—2020—年鉴 Ⅳ. ①TU206-54

中国版本图书馆CIP数据核字（2021）第031222号

出版发行：辽宁科学技术出版社
（地址：沈阳市和平区十一纬路25号 邮编：110003）
印 刷 者：广东省博罗县园洲勤达印务有限公司
经 销 者：各地新华书店
幅面尺寸：240mm×305mm
印 张：75
插 页：4
字 数：1000千字
出版时间：2022年3月第1版
印刷时间：2022年3月第1次印刷
策 划 人：杜丙旭
责任编辑：杜丙旭 刘翰林
封面设计：周 洁
版式设计：周 洁
责任校对：韩欣桐

书 号：ISBN 978-7-5591-1841-7
定 价：658.00元（上、下册）

联系电话：024-23280070
邮购热线：024-23284502
http://www.lnkj.com.cn

CHINESE ARCHITECTURE

YEARBOOK

2020-2021

CONTENTS

目　录

文化

008 2019 年中国北京世界园艺博览会国际馆

014 2019 年中国北京世界园艺博览会生活体验馆

020 第三届河北省园林博览会太行生态文明馆

026 武义博物馆、规划展示馆

032 贵州省地质资料馆暨地质博物馆

038 台州当代美术馆

046 西安国际少儿美术馆

052 三水文化商业综合体

060 石窝剧场

068 先锋厦地水田书店

078 时间塔

082 言乐庭

088 PD 工程

092 西安丝路国际会议中心

100 彭山产业新城市民中心

CONTENTS

106 四川大剧院

112 屺园——延庆园艺小镇文创中心

118 井冈山大仓村乡村公共空间再生

126 泸州市市民中心

132 承德博物馆

138 舍得文化中心

144 青浦档案馆

150 湾头桥乡镇中心

156 田汉文化园

162 黄帝文化中心

166 重庆故宫学院

172 黄石市群众艺术馆

酒店、民宿

180 2019 年北京延庆世园会世园村酒店

186 婺源虹关村留耕堂改造

194 山鬼精品酒店改造

200　重庆拾山房精品酒店

206　林盘行馆

办公

212　华为南京研发中心

220　雄安设计中心

228　广州天河智慧城核心区 · 软件园高唐新建区软件产业集中孵化中心（三期）

234　济南市轨道交通 R3 线一期工程龙洞停车场综合楼

240　广州长隆大厦

244　上海黄浦区 594（北块）、596 街坊地块

250　北京保险产业园 649 地块项目

256　中国华润大厦

264　成都市高新区天府大道北段 966 号

270　无锡量子感知研究所

276　水西工作室

282　郑州天健湖大数据产业园展示中心

288　中铁 · 青岛世界博览城会议中心

2019年中国北京世界园艺博览会国际馆

中国，北京

设计公司：北京市建筑设计研究院有限公司
主持建筑师：胡越

建筑师团队：郜方晴、游亚鹏、刘全、王春、马立俊、耿多、杨剑雷、冯婧萱、徐洋、顾永辉、于春辉、温喆
结构设计：陈彬磊、江洋、马凯、常莹莹、黄忠杰、李婷、杨勇、陈辉、金汉、丁博伦、周文静
设备设计：徐宏庆、鲁东阳、张杰、刘沛、赵煜（暖通）
王熠宁、张成、潘硕、郑克白、郭玉凤、胡笑蝶、郭佳鑫（给排水）
裴雷、韩京京、田梦、张松华、贾艳彤、赵亦宁（电气及智能化）

设计周期：2016年11月—2017年3月
建造周期：2017年4月—2019年4月
总建筑面积：22,000平方米
工程造价：3.4亿元
主要建造材料：金属板、玻璃、混凝土
摄影：陈溯

2019年中国北京世界园艺博览会国际馆坐落在北京西北延庆区的妫水河畔，在2019年4—10月的中国北京世界园艺博览会上作为国际范围内参展的国家、地区和园艺组织的室内展场以及举办国际园艺竞赛的场地。

国际馆地上2层，地下1层，总建筑面积为22,000平方米，与临近的中国馆和妫汭剧场环妫水湖而立，共同组成了园区的核心建筑群。国际馆设计的出发点为：灵活性和适应性，与环境的关系，人性化。以此来回应世园会“绿色生活，美丽家园”的办会主题。国际馆提供了一系列高品质的适合园艺活动和观众舒适观展的展览空间。地上包括3个相互串联的展厅，地下包括登录厅、多功能厅、餐厅以及机房、库房等辅助空间。国际馆提供的展览空间拥有多种空间高度，不仅可以适应多种规模的展陈，还提供了丰富的室内、室外和半室外的空间，为灵活的展览和会后再利用提供了充分可能。

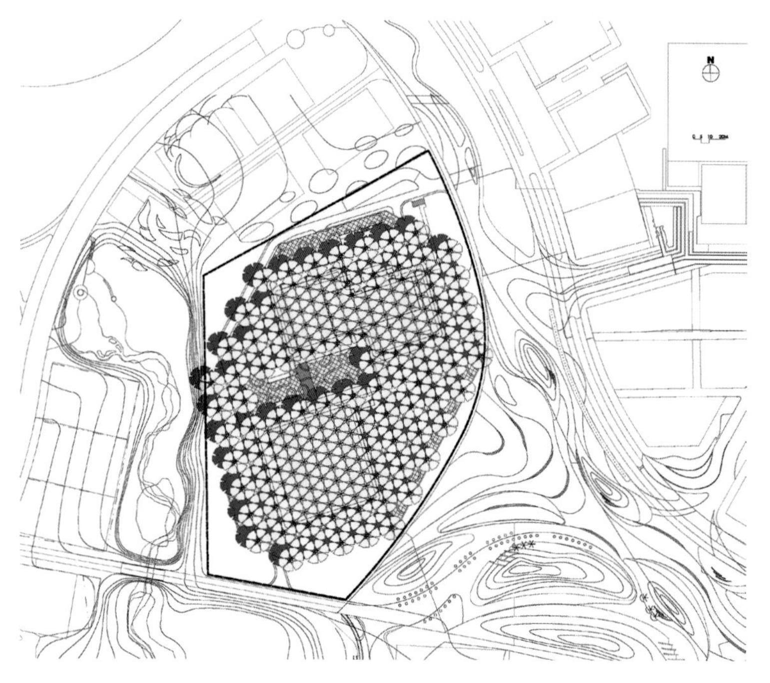

总平面图

1

1. 国际馆鸟瞰

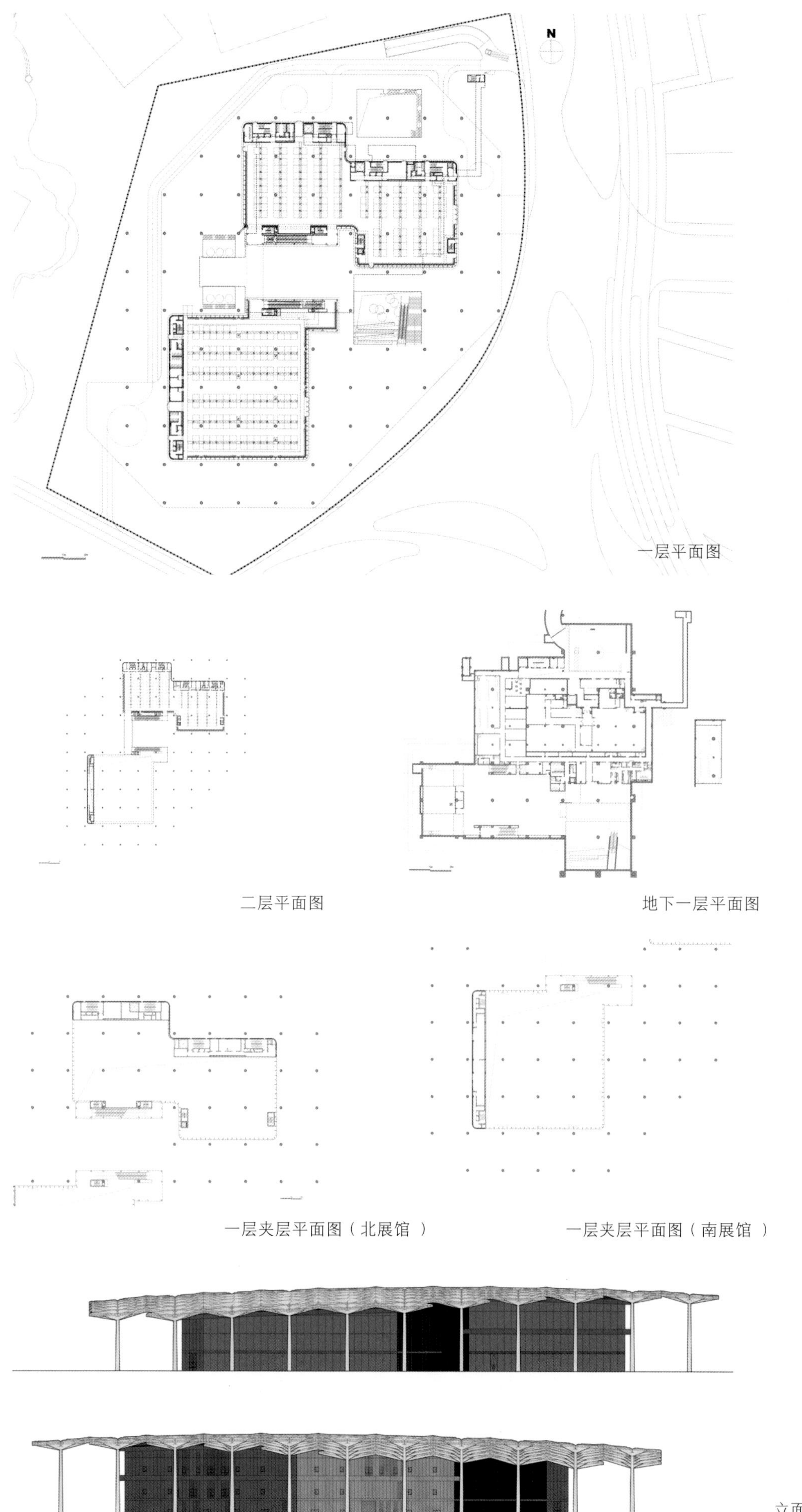

一层平面图

二层平面图

地下一层平面图

一层夹层平面图（北展馆 ）

一层夹层平面图（南展馆 ）

立面图

2
3

2. 国际馆东南侧夜景
3. 国际馆东南侧近景

4 / 5 | 6

4. 国际馆东北侧近景
5. 国际馆北展厅伞下人视图
6. 国际馆南展厅室内

2019年中国北京世界园艺博览会生活体验馆

中国，北京

设计公司：中国建筑设计研究院有限公司第三建筑专业设计研究院
主持建筑师：郑世伟

建筑师团队：罗云、史倩、李越、李慧敏
结构设计：邵筠、冯启磊、刘文阳
设备设计：吴连荣、郭瑞雪（给排水）
杨向红、郭超（暖通）
李维时、于天傲（电气）
唐艺（智能化）
照明设计：马戈、刘冰洋、王博源
室内设计：曹阳、马萌雪、闫宽
刘子贺（给排水）
李甲（电气）
曹诚（暖通）
夯土墙设计：土上建筑设计咨询有限公司

设计周期：2016年3月—2017年7月
建造周期：2017年8月—2019年4月
总建筑面积：21,000平方米
工程造价：2.5亿元
主要建造材料：钢材、瓦、夯土、砖、木材、石头等
摄影：张广源、李季、郑世伟

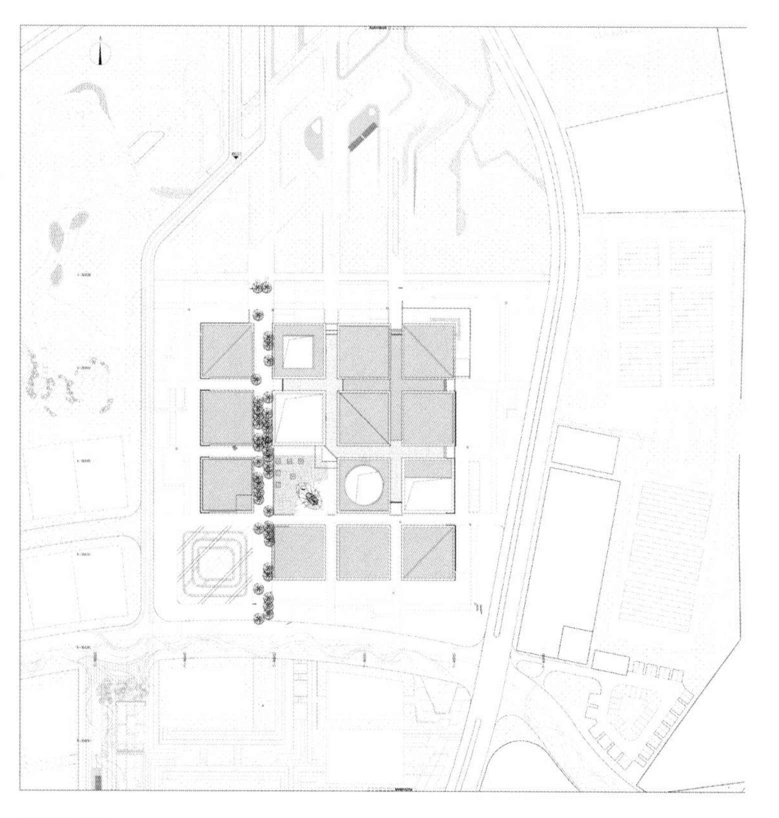

总平面图

生活体验馆位于世园会园区的东北角，相对比较安静。远处是苍劲的海坨山和柔美的妫水河，场地周边是大片的田野和果园，让这里呈现出一幅北方地区特有的田园美景。

设计理念

生活体验馆以低调、谦和的姿态与环境融合在一起，并体现出这个场所独特拙朴的气质，希望能够营造出一处具有浓郁的中国乡村田园风情，充满市集愉快体验的交往空间。

功能与形式

生活体验馆建筑面积约两万平方米，切分成16个小尺度功能单元来消解它的体量，把一个完整的大体量建筑变成一个体验馆聚落。功能单元之间形成棋盘状纵横交错的街巷。这些街巷四通八达，非常开放，很容易把周边的景观和人的活动引入建筑中。

一条南北走向的柳荫路穿过场地，路两边是树龄10多年，高20多米的柳树，生机勃勃。团队给予它更多的尊重，并把它融入体验馆聚落中，让它成为其中的一条街巷。人们在树荫下散步、休息，坐下来喝杯茶，与朋友聊天，非常惬意。老树斑驳的树影投射在年轻的建筑上，非常生动、融洽。建筑与这些树完全处于一种相互依存的状态。

体验馆聚落的外立面选用一些比较厚重、拙朴的材料，意图表达延庆地区传统村落的质感。就地取土由老工匠筑成的夯土墙，用从河里捞出来的石头垒成的石笼墙，兼具通风和采光功能的木格栅墙，用青砖砌成的花格墙，它们就像是从延庆当地的村落里提炼出的场景和片段，非常有地域特色。因为大多是就地取材的乡土材料，所以比较环保，节约了运输成本。这些外立面不但表现出材料的美，而且也巧妙地满足了对通风和采光的功能需求：它们是设备机房、卫生间、楼梯间等辅助设施，需要采光和通风，但不希望被看到。

体验馆聚落内部街巷的界面通透、开放：一层选用可灵活开启的玻璃幕墙，让室内丰富的展示与体验，能够与街巷中的游客产生亲密的互动。一层以上界面被印刷玻璃包裹。玻璃表面通过三维打印技术模拟缥缈、流动的云层，需要呈现内部展品与活动的地方通透，需要遮挡构件和设备的地方朦胧，非常梦幻，有种雾里看花的感觉。周边被麦田、果园等乡土景观包裹，进一步柔化了建筑，让它更增添了北方乡村特有的气质和韵味。

1

1. 鸟瞰

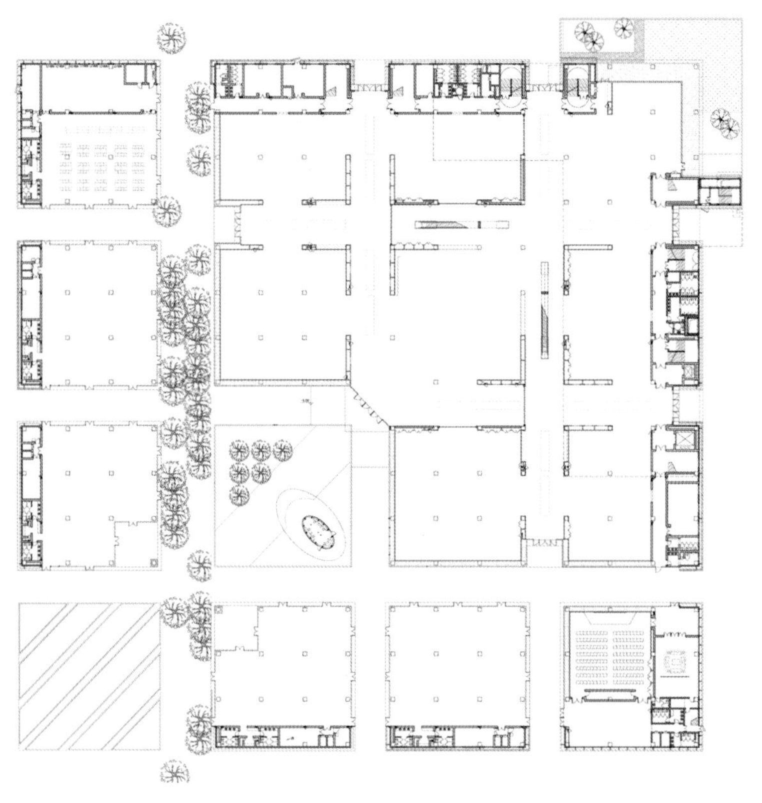
一层平面图

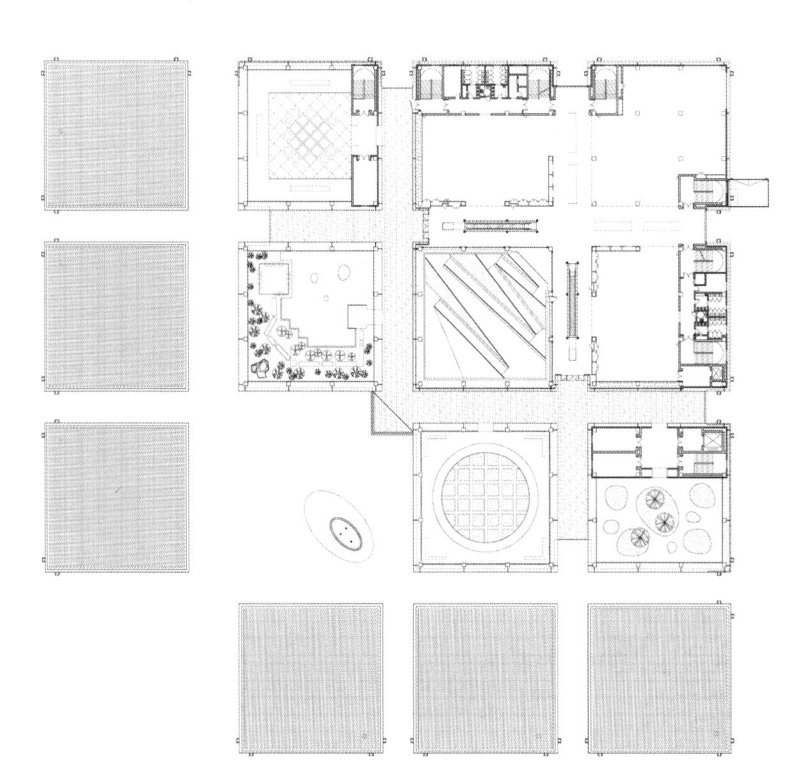
二层平面图

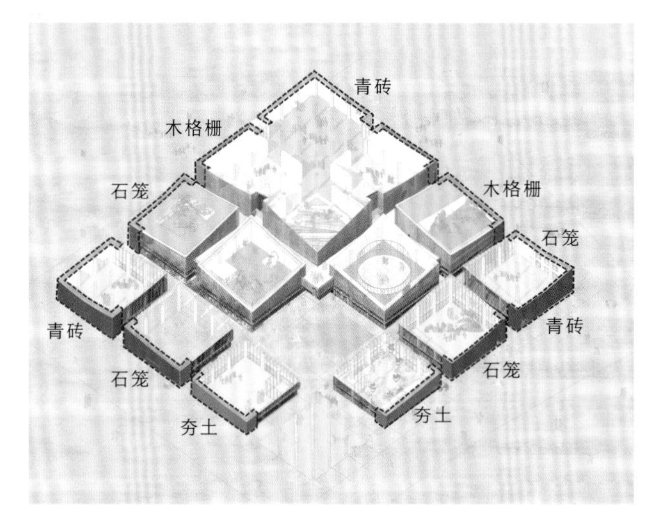

外界面材质

景观文化轴

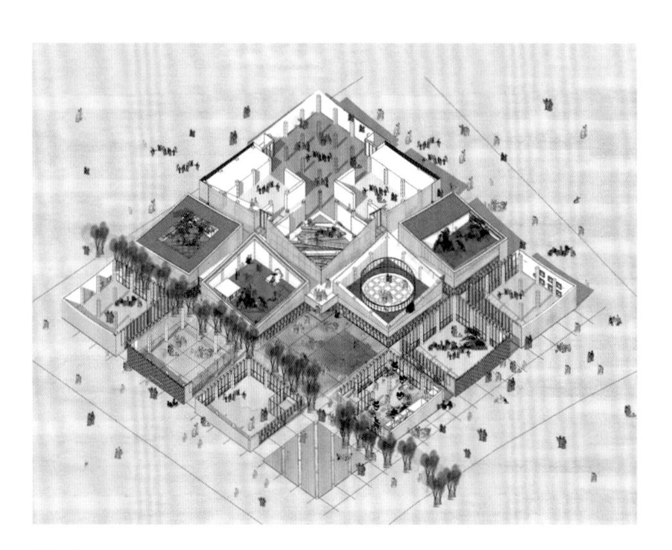
轴测图

2
3

2. 木石夹道
3. 夜幕下的柳荫路

空间与体验

这里的空间具有较强的开放性，体验更加丰富，人的行为更加自由，并且能够触发人们友好交往。生活体验馆场地西面和南面是热闹的国际展区，北面是美丽的妫水河生态景观带，东面是园区四号门和五号门。场地本身对于周边具有很强的连接性，所以我们希望体验馆聚落呈现出更加开放的姿态，利用四通八达的街巷空间把周边的活动与景观连接在一起。

它的开放性还表现在它的空间形态：它不是一个巨大的、内外界线明确的单体博览建筑，而是一个打碎的、尺度宜人的、内外界线模糊的体验馆聚落。纵横交织的街巷让这座建筑具有了可穿越性：游客可能是带着目的来参观，也可能只是不经意路过，偶然被某个展馆中发生的活动吸引而参与其中。街巷还使这座体验馆聚落具有了很多个出入口，游客可以从各个方向进入建筑，在展馆单元间穿梭，不必承受长时间排队的痛苦。人们可以自由地在展馆内、街巷上转换环境与心情。每一个展馆单元就像一方盆景，可以承载各异的体验场景，满足多种展陈和使用需求。

街巷和广场不只承担交通的功能，还可以作为室内展览空间的延伸，和游客交流、休憩的场所。体验馆内与街巷不断地互动，甚至街巷上的活动也成为展览的一部分。街巷上设置有座椅，人们可以随时停下来喝杯茶，聊聊天。在每一个街巷的拐角都有可能产生奇遇。多种功能的复合更让这里成为一个体验丰富的聚落。

4	7
5	8
6	9

4. 屋顶漫步道
5. 街巷
6. 入口广场
7. 云纹玻璃
8. 木格栅墙
9. 夯土墙

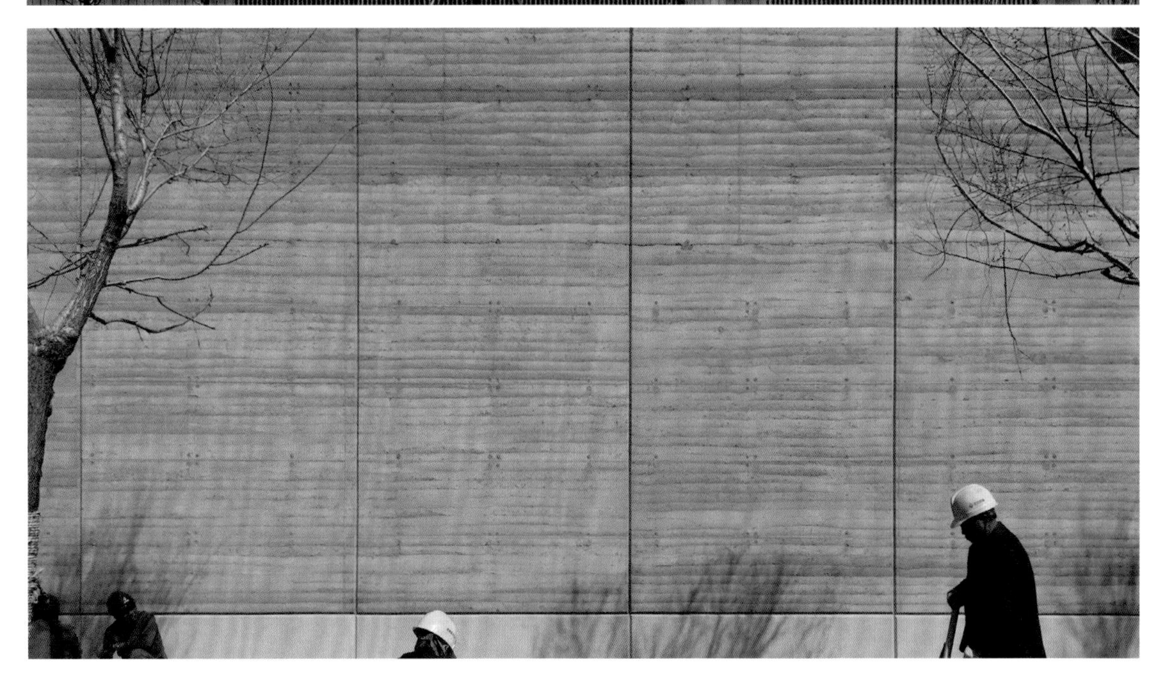

第三届河北省园林博览会太行生态文明馆

河北，邢台

设计公司：河北建筑设计研究院有限责任公司
主持建筑师：郭卫兵

建筑师团队：王新焱、孙雅媚、王清波、牛凯、赵雪、宋文龙、庄天爽
结构设计：高海潮、余钰、周慧芳、王志、李增奇
设备设计：赵晓斌、葛柳平、王志江、池可人、王雨箫、李玉辉

设计周期：2018年3月—2018年11月
建造周期：2018年12月—2019年8月
总建筑面积：17,548.7平方米
工程造价：2.4亿元
主要建造材料：蒸压加气混凝土板、钢柱、钢梁、钢筋桁架楼承板、玻璃幕墙、再造石装饰混凝土挂板
摄影：魏刚、刘元军

第三届河北省园林博览会场馆位于邢台市邢东新区，邢州大道以南，东华路以西，面积约308万平方米。太行生态文明馆位于第三届河北省园博会山水核心区的起点，紧邻园区主湖。

太行生态文明馆包含太行文明展厅，分为主题展厅和多功能开放展厅，还包含500平方米会议厅、100平方米多功能厅（可作为餐饮、休息等空间）、媒体中心、管理办公室等。国际花卉交流中心相对独立，既可满足主展馆展览需求，又可作为独立展览场所。服务用房包含主展馆售票服务用房、码头售票服务用房、公共卫生间及设备用房。

建筑设计扎根于太行山文化，从自然、文化、历史等多角度发掘太行文明特点。采用地景建筑设计手法，结合下沉广场，整体北高南低，以开敞形态面向园区景观，既突出于周围景观，又能和谐地融于其中。

在形态上，建筑呼应园区整体规划，采用方正造型，以“山峰”和“峡谷”为主要设计元素，运用现代设计手法，对方形整体进行切削整合，形成“北高南低，外刚内柔”的整体造型。通过建筑形态起伏转折的变化，表现太行山脉气势雄浑、清丽苍劲的特点。

在流线上，建筑以开阔的下沉广场为引导，使游人聚焦于建筑主体。进入主馆后，通过层层环线展厅的抬升，到达屋顶观赏平台，作为全园最高点，游人可在此俯瞰湖面及园区景色。沿着屋顶景观步道而下，可来到滨湖观赏区。游人漫步于滨湖步道，可感受步移景异的湖面风光。该参观流线带来的抬升与下沉、围合与开敞，为园艺展示提供了空间素材，也为参观中的游人带来丰富的空间感受。

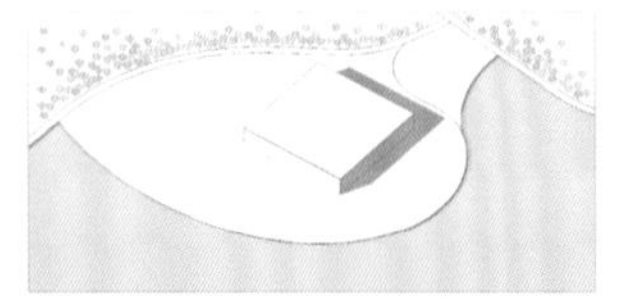
体块置入

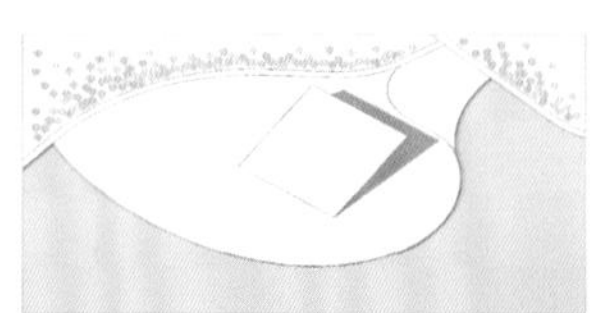
体块削切

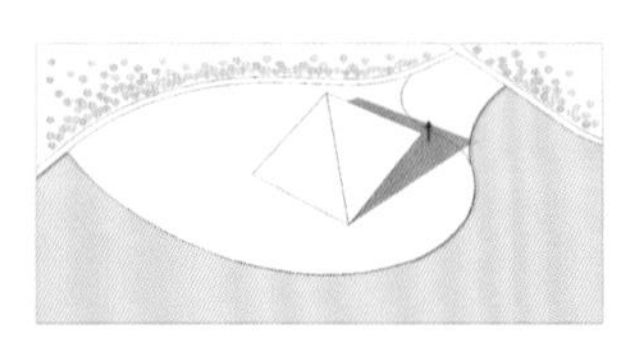
体块抬升

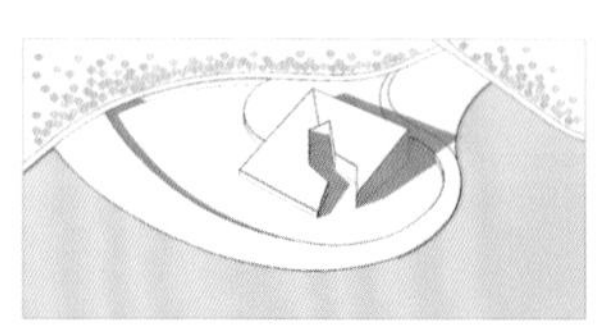
模拟太行山峡谷的形态

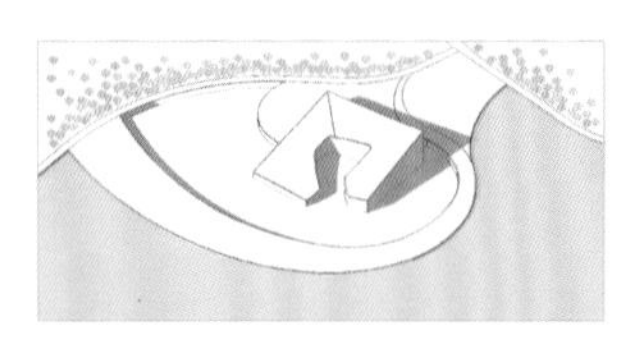
形态优化

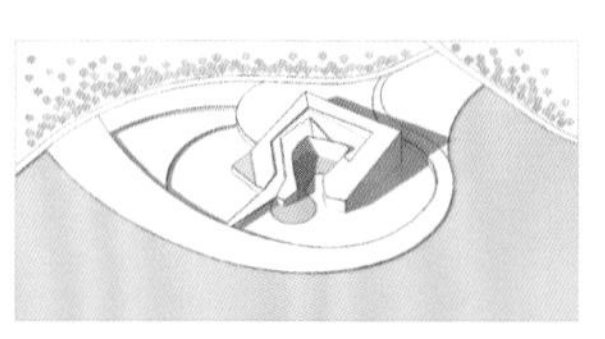
强调入口空间、引入水元素

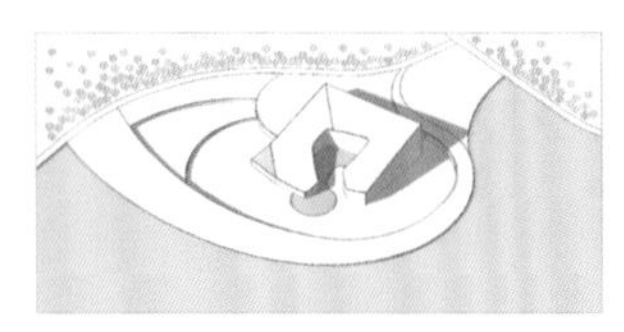
加入屋顶观景平台

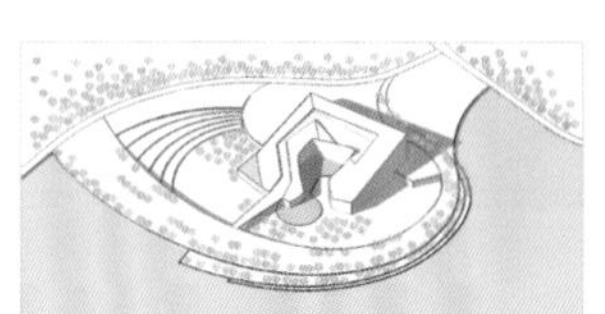
优化外部环境
刻画大台阶及湖岸线

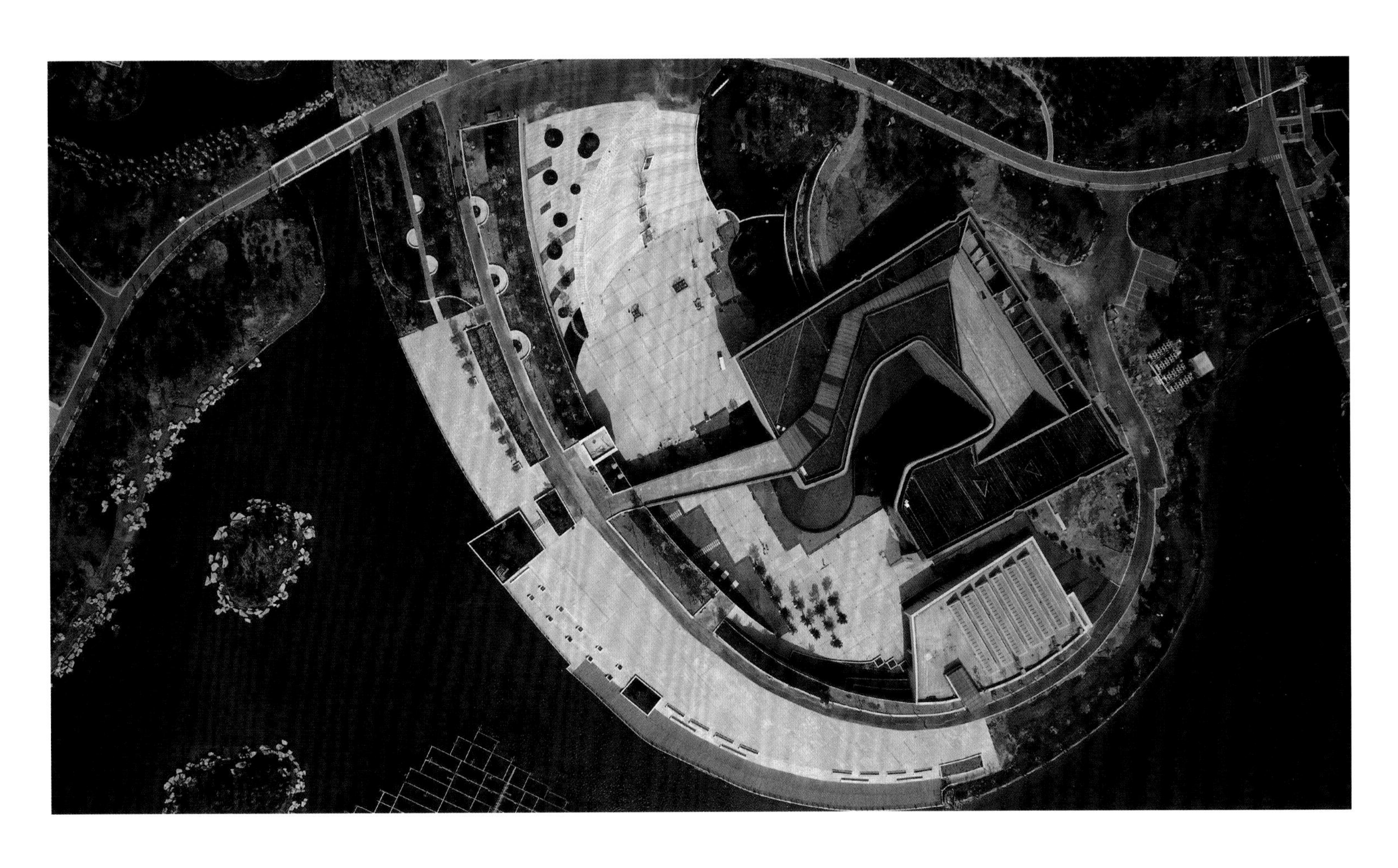

1. 建筑鸟瞰
2. 建筑整体形象，呼应“山峰”意象

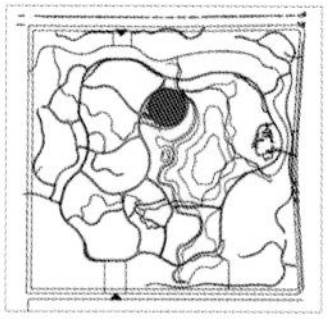

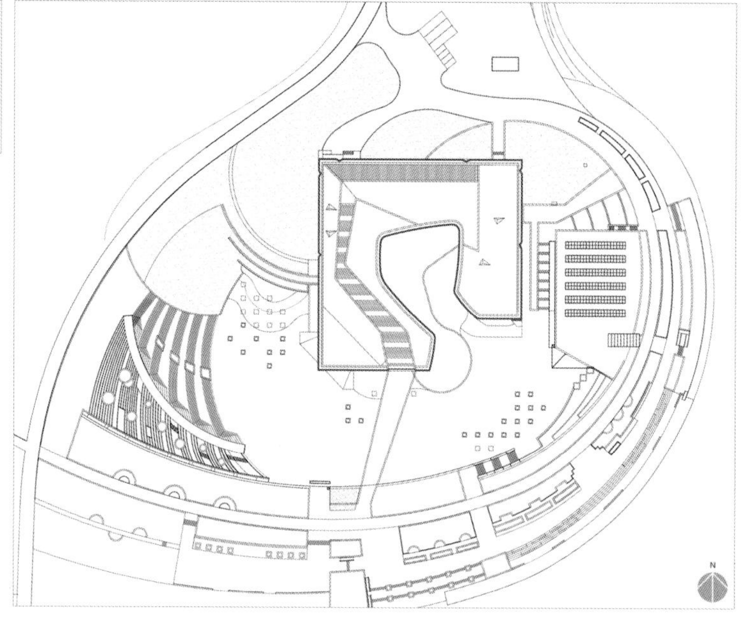

总平面图

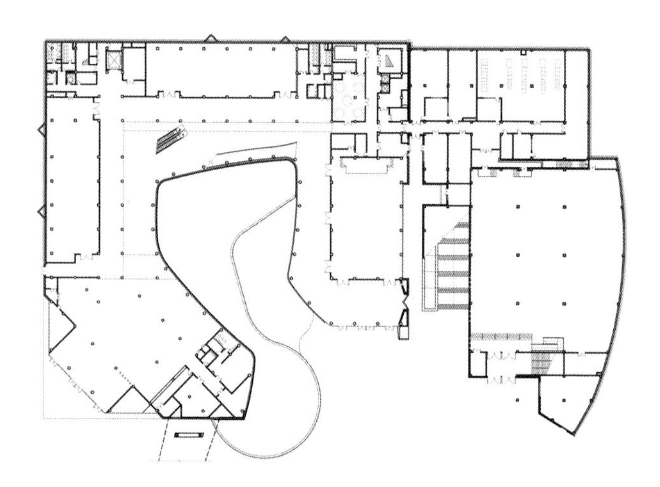

一层平面图

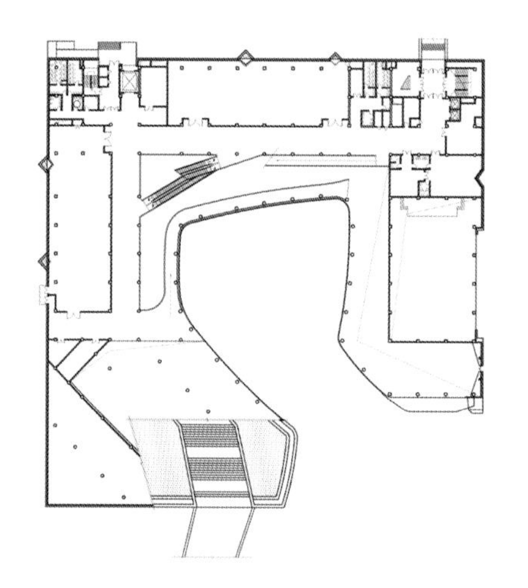

二层平面图

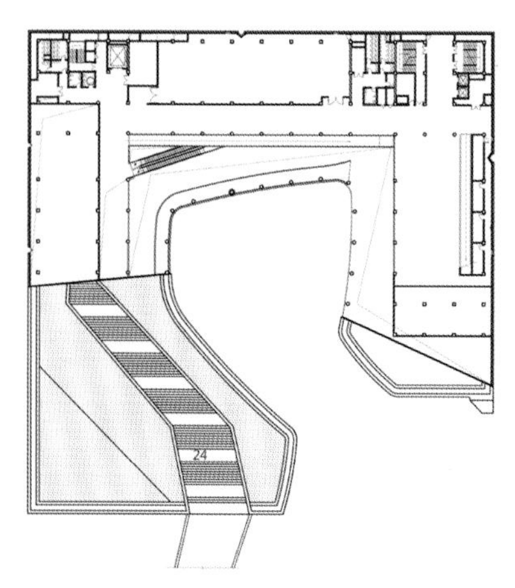

三层平面图

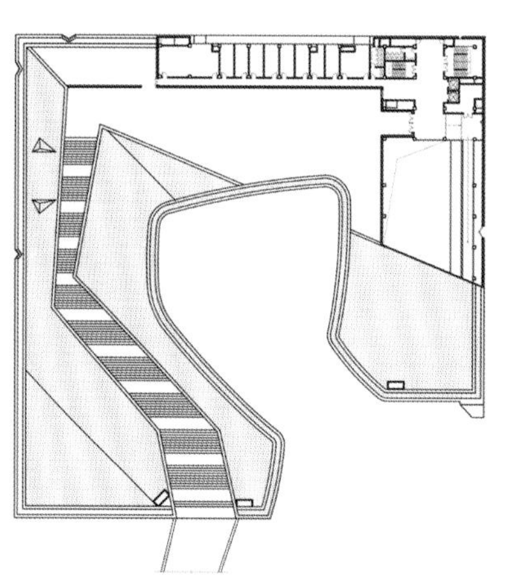

四层平面图

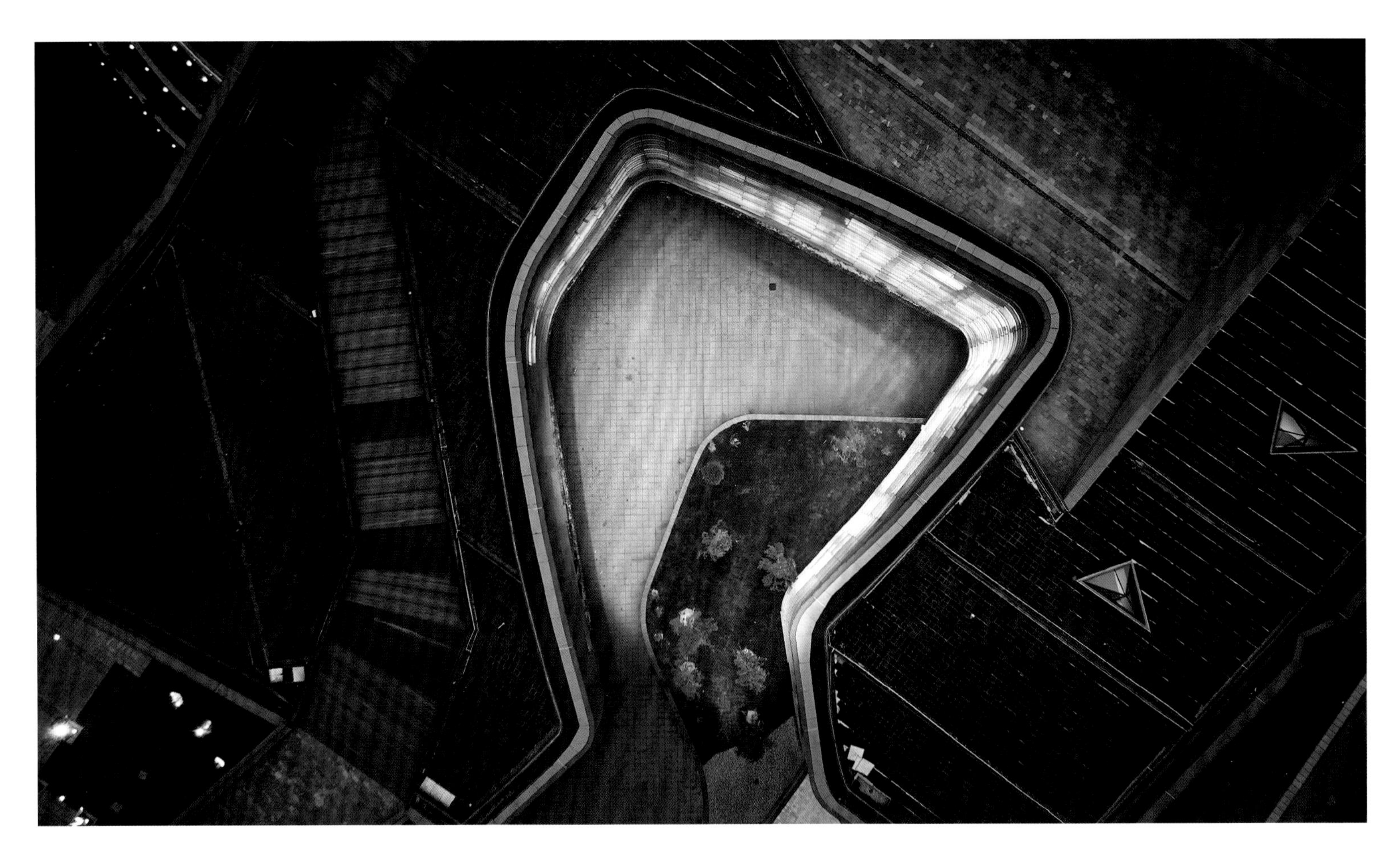

3. 建筑南部打开，呼应“峡谷”意象
4. 建筑南部人视图

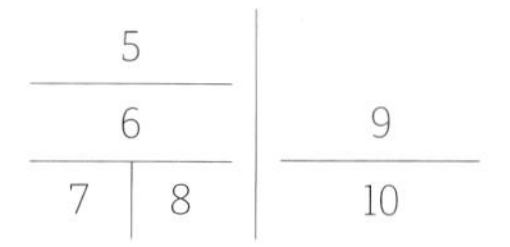
5
6
7
8
9
10

5. 屋顶观景步道
6. 俯瞰湖面及园区
7. 建筑主入口
8. 玻璃幕墙的变化，表达“峡谷”的意象
9. 室内共享大厅
10. 会议中心门厅

武义县博物馆、规划展示馆

浙江，金华

设计公司：杭州中联筑境建筑设计有限公司
主持建筑师：王幼芬

建筑师团队：祝狄烽、江丽华、严彦舟、曾德鑫
结构设计：杨旭晨、孙会郎、吴建乐、朱蓓、阮楚烘、唐伟
设备设计：潘军、何佩峰、王瑞兵、杨迎春、张庚

设计周期：2015年5月—2016年3月
建造周期：2015年9月—2019年5月
总建筑面积：30,391平方米
工程造价：14,036万元
主要建造材料：钢、混凝土、玻璃、花岗岩、铝板
摄影：杭州中联筑境建筑设计有限公司

武义县博物馆、规划展示馆地处北岭新区文化展示区，北面黄清垅湖，西临城市公园。项目建设用地20,000平方米，总建筑面积30,391平方米，其中博物馆10,831平方米，规划展示馆10,176平方米，地下建筑9384平方米。

设计充分考虑城市与公园水岸在空间及活动上的联系，根据场地及地势特点，将两馆结合入口开放空间近水岸布置，留出与公园环境及城市空间相联系的南侧开放广场，从而将城市公共活动空间引入自然景观之中，使自然景观、城市景观与人文景观形成和谐的整体。

同时，两馆的布局设计采用了中心反对称的形式，这一布局形式既满足了两馆相对独立的使用要求和差异性特征，又创造了富有整体感的建筑形式。

博物馆与规划展示馆建筑体量相当，通过几何体的穿插、滨湖灰空间及观景平台的设置，增加了建筑宜人的尺度感及与自然的亲和感，建立了人—建筑—自然的良好关系。

由于两馆北侧紧临黄清垅湖公园，自然景观优越，设计将馆内展厅集中布置在靠城市一侧，将公共性强的交流空间和休闲空间布置于临湖侧，大大增强了两馆活力。

博物馆与规划展示馆的内部空间依据其不同的功能具有不同的性格特征。

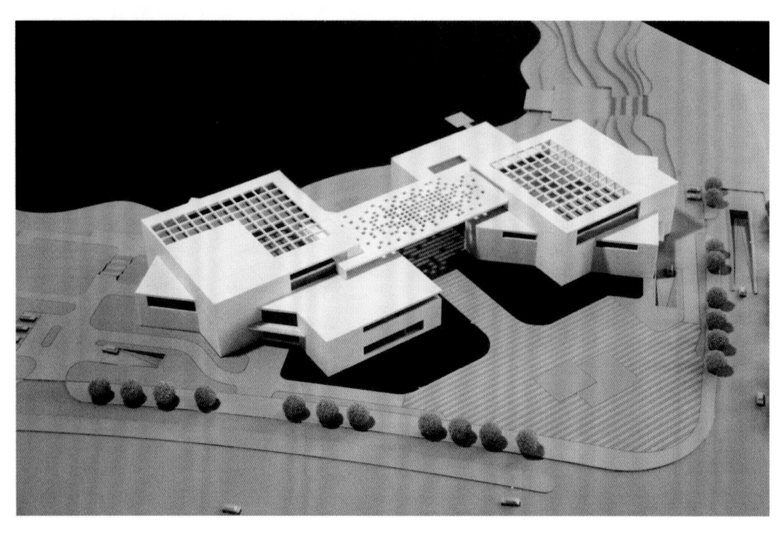

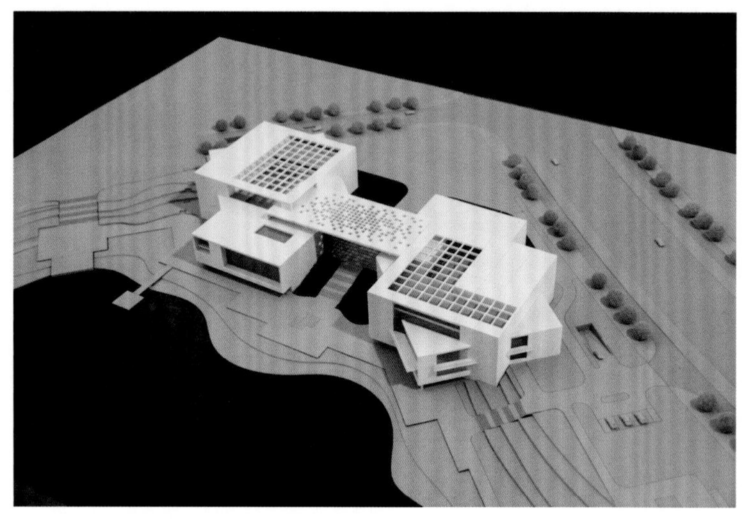

1. 两馆面湖透视

总平面图

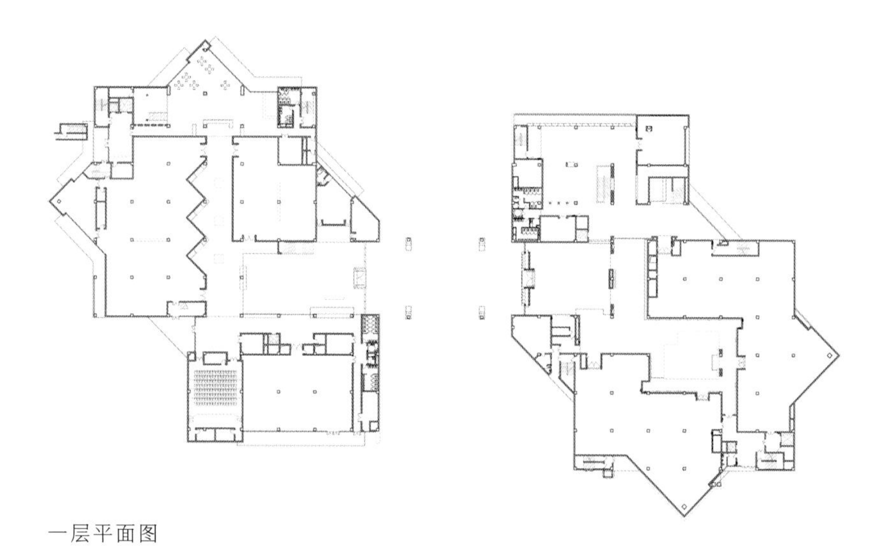

一层平面图

轴测分析图

立面图

2
3

2. 两馆主入口透视
3. 两馆临湖夜景效果

4
5 6
7
8
9

4/6. 博物馆中庭
5. 博物馆绿庭
7. 博物馆临湖公共活动空间
8. 规划展示馆序厅实景
9. 规划展示馆敞廊

贵州省地质资料馆暨地质博物馆

贵州，贵阳

设计公司：贵州省建筑设计研究院有限责任公司
主持建筑师：董明、代宁

建筑师团队：王朔、黄烁、雷杰义、刘欣、刘群杰、孙斌、毛秋菊、梁帅
结构设计：赖庆文、周卫、杨通文、夏先勇、邓曦、王成誉、蒲师钰、邓闲文、陈钰婷
设备设计：陈京瑞、董辉、王旭、王勇、顾俊、袁俊、郭石磊、王春燕、朱佳鹤、袁飞

设计周期：2016年1—10月
建造周期：2016年12月—2019年6月
总建筑面积：39,561.7平方米
工程造价：27,984.27万元
主要建造材料：钢筋混凝土、钢框架、轻质节能复合墙板、加气混凝土砌块、断桥铝合金框Low-E中空玻璃、铝合金格栅
摄影：高艺术商业摄影

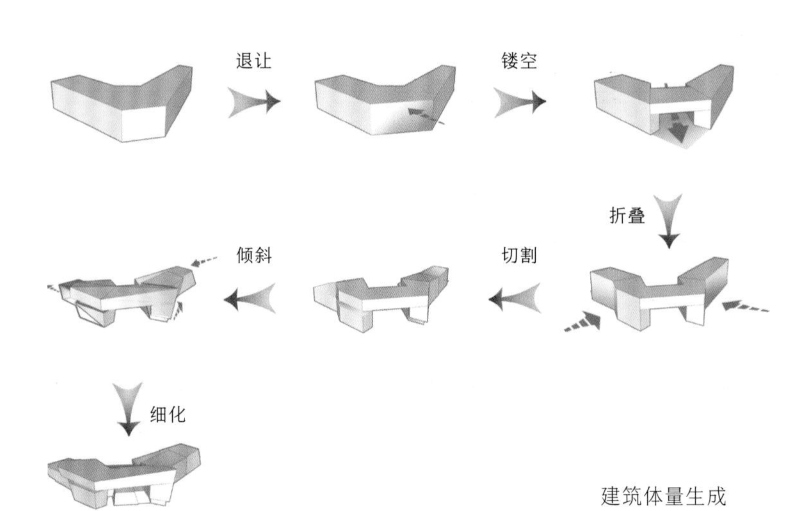

建筑体量生成

贵州被称为沉积岩王国、喀斯特王国、古生物王国和矿产资源大省，地质文化丰富多样，地质景观绚烂多姿，建造一座能代表贵州地质文化特点的地质博物馆是贵州人民的夙愿。项目位于贵阳市观山湖区，总建筑面积39,561.7平方米，地上7层，地下2层，建筑总高度33.3米，主要包括展厅、资料档案库房、综合业务用房、多功能报告厅及配套用房。

设计理念——展示贵州地质文化的窗口

旨在打造一座有贵州地域特色、能展示贵州地质历史遗迹的地质博物馆，成为展现地球沧海桑田地质变迁的科学文化窗口。 整体外观是一块经过数亿年演化而成的“奇石”形象，让人联想起贵州梵净山著名的“蘑菇石”，提取沉积岩、溶洞、矿石、瀑布等贵州地质元素，融入建筑的造型和立面刻画之中，体现出贵州地质地貌的雄奇多姿、丰富多彩。

“洞”：大跨度灰空间的处理，抽象表达了贵州地貌多洞的特点，也体现了贵州省喀斯特地貌“溶洞”的独有特征。

“岩”：立面设计以横向线条为主的石材纹理及陶色铝方通，来展示贵州沉积岩的肌理特征。

“矿”：博物馆部分采用陶色铝方通来包裹多面切割的玻璃形体，寓意的是沉积岩中蕴含的丰富矿石资源。

“瀑布”：洞口灰空间中采用折叠玻璃幕墙来作为博物馆的入口，通过折叠玻璃来隐喻瀑布，形成一种在“洞中”穿过“瀑布”到达展厅的别致体验。

整体布局——望得见山，记得住乡愁

建筑整体布局首要考虑退让出开阔的城市活动空间。采用大跨度的洞口空间处理方式，整体布局通过洞口与建筑背后的山丘发生联系，在城市能“望得见山，记得住乡愁”，同时也成为融入城市生活极具吸引力的公共开放交流空间。

技术亮点——结构成就建筑之美

结构最大连体跨度33.6米，最大悬挑20米，通过统筹配合共同优化，使建筑造型必须布置的众多钢斜撑不仅未对建筑使用造成影响，反而营造出独特的韵律感，凸显了特殊的结构美感，实现了结构成就建筑之美。

1. 横向石材纹理，展示沉积岩肌理特征
2. 大跨度灰空间，体现喀斯特地貌“溶洞”特点

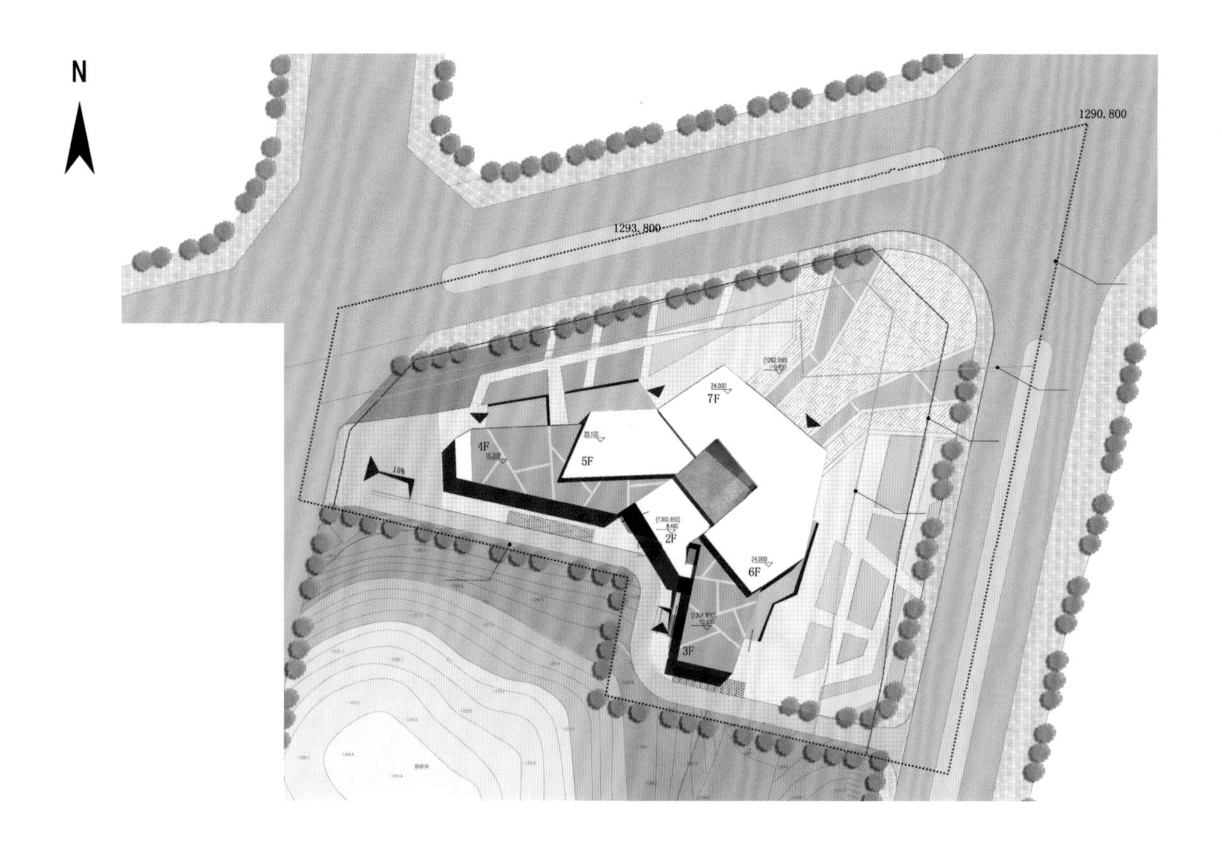
N
1290.800
1293.800
7F
5F
4F
2F
6F
3F

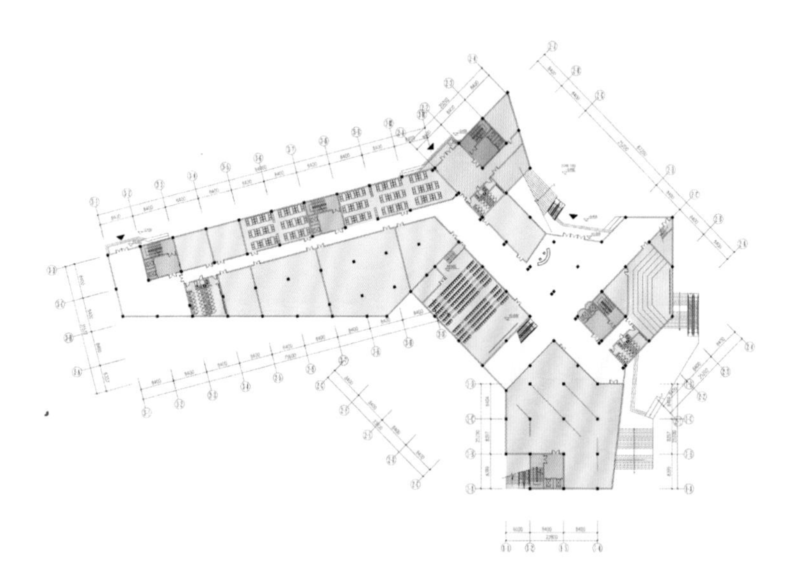

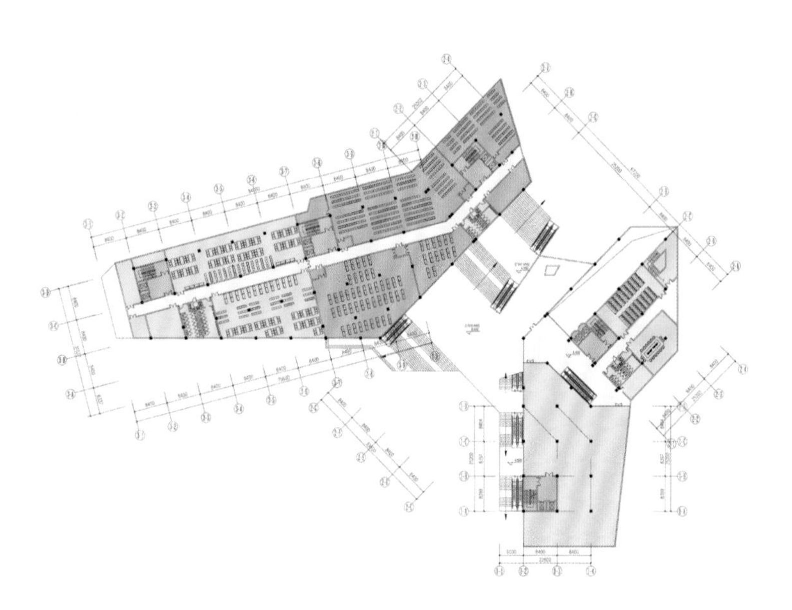

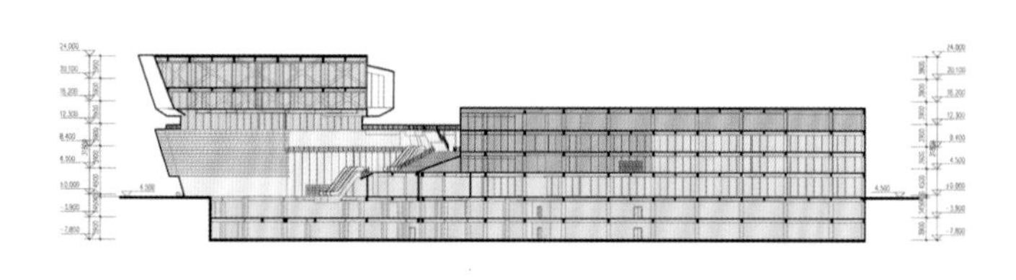

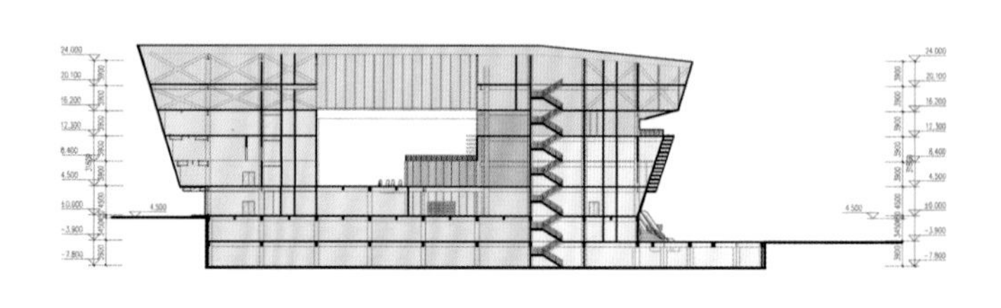

3
4

3. 退让出开阔的城市广场
4. 大跨度洞口空间，在城市“望得见山”

结束语

该项目成为展示贵州地质文化、再现地球沧海桑田地质变迁的地球科学文化窗口，也将对贵州省的地质科普教育、古生物化石保护，以及珍贵地质资料保护、开发、利用产生巨大推动作用，同时将助推贵州省文化旅游发展，提升贵州文化形象。

5	6	8	
7		9	10

5/6. 陶色铝方通包裹多面切割的玻璃形体，寓意丰富的矿石资源
7. 入口处折叠玻璃幕墙隐喻瀑布
8. 钢斜撑凸显特殊的结构美感
9/10. 室内外空间设计体现内外交融、开放共享

台州当代美术馆

浙江，台州

设计公司：大舍建筑设计事务所
主持建筑师：柳亦春

建筑师团队：陈屹峰、沈雯
结构设计：张准、邵喆、张冲冲

设计周期：2015 年 5—9 月
建造周期：2015 年 9 月—2019 年 4 月
总建筑面积：2454 平方米
工程造价：700 万元
主要建造材料：现浇混凝土
摄影：田方方

台州当代美术馆位于台州市一个由粮库改造而成的文创园区内。粮库至今还拥有大面积的苏联风格的厂房和仓库，它们被改造为商店、餐馆和办公室，改造后的园区很有活力，但是原有的粮库风貌没有得到足够好的保持。美术馆是一栋在粮库区内的空地上新建的建筑，它面对一个小广场，东侧越过一排二层建筑可以看到绵延的枫山。

美术馆总建筑面积 2454 平方米，共有 8 个展厅。由于展厅的层高较高，而每个展厅的面积并不大，所以在设计上通过错层的处理，减小了从下层展厅到上层展厅的层高，从而调节了参观的节奏。由于不同标高的展厅在空间上相互交错且相互渗透，从而形成了丰富的立体空间序列和观展体验。

美术馆以现浇混凝土平行筒拱结构的天花营造了独特的美术馆空间氛围，线性的筒拱结构结合了展厅的灯光设计，并且在空间上沟通着建筑的内外。在空间序列上，展览空间从面对广场开放的展厅开始，筒拱的方向指向广场，逐层旋转而上，于顶层面对枫山一侧展厅再次开放，筒拱的方向转向枫山，形成了结构与风景的对应。美术馆的南立面被处理成浅凹的波形，仿佛内部天花的筒拱在外部延展，构成了美术馆面对广场的正面形态。

在美术馆的混凝土结构浇筑方面，由于当地施工工艺粗陋，各种浇筑的不精确或者错误的叠加使混凝土的表面并非呈现设计的生动性，但是在过程之中，通过及时调整门窗安装以及室内设计策略去适应不断发生的状况，使一种并非有意的废墟般的粗陋转换为可贵的空间品质。

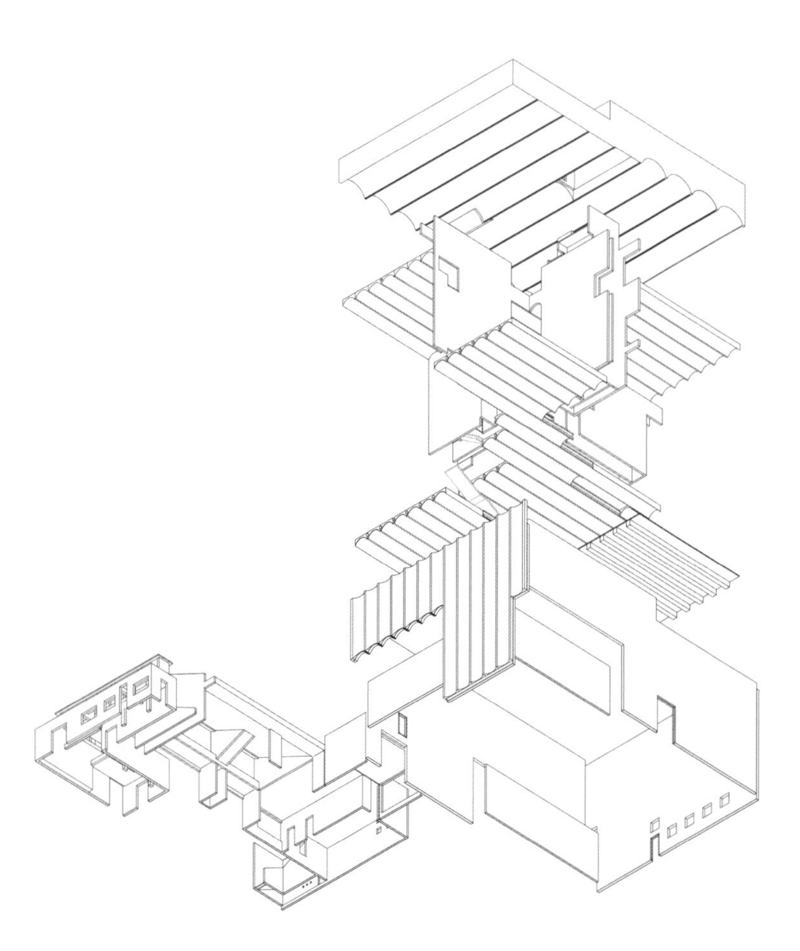

顶式分解轴测图

1

1. 美术馆顶层的展厅开口

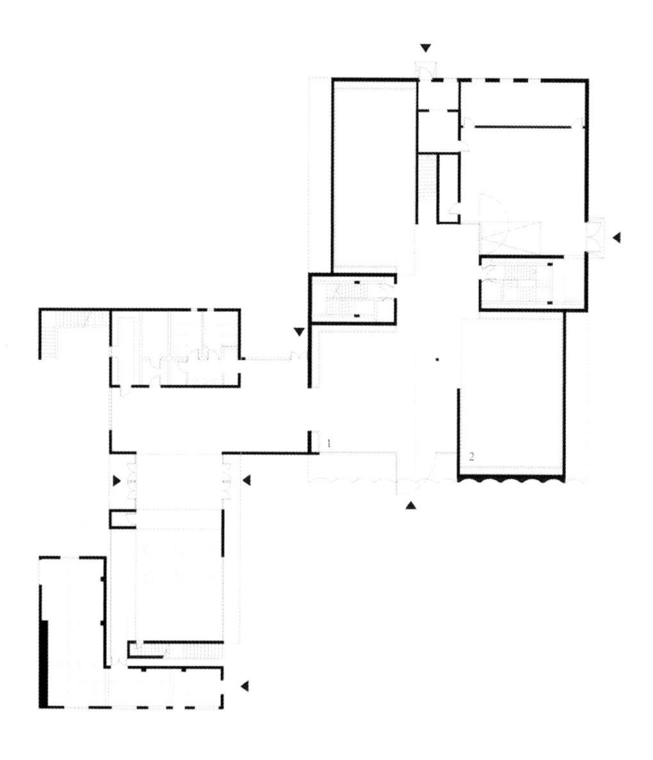
一层平面图

局部

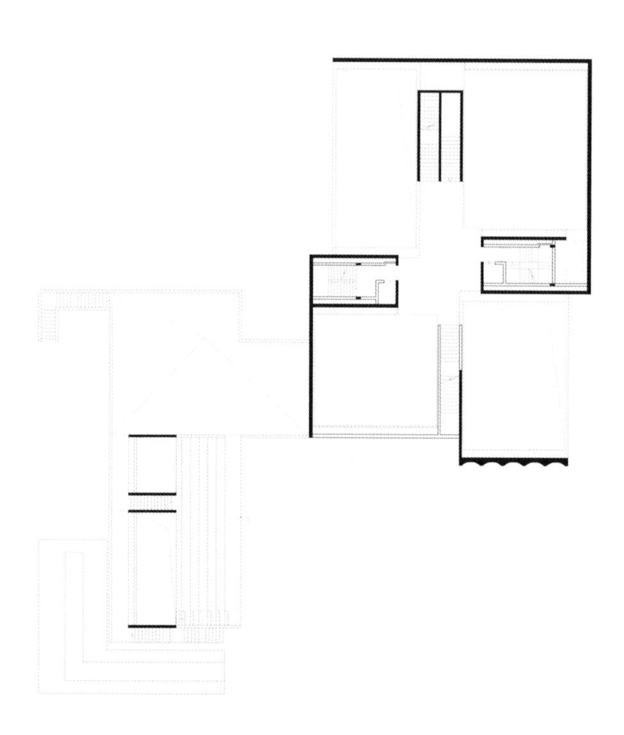
二层平面图

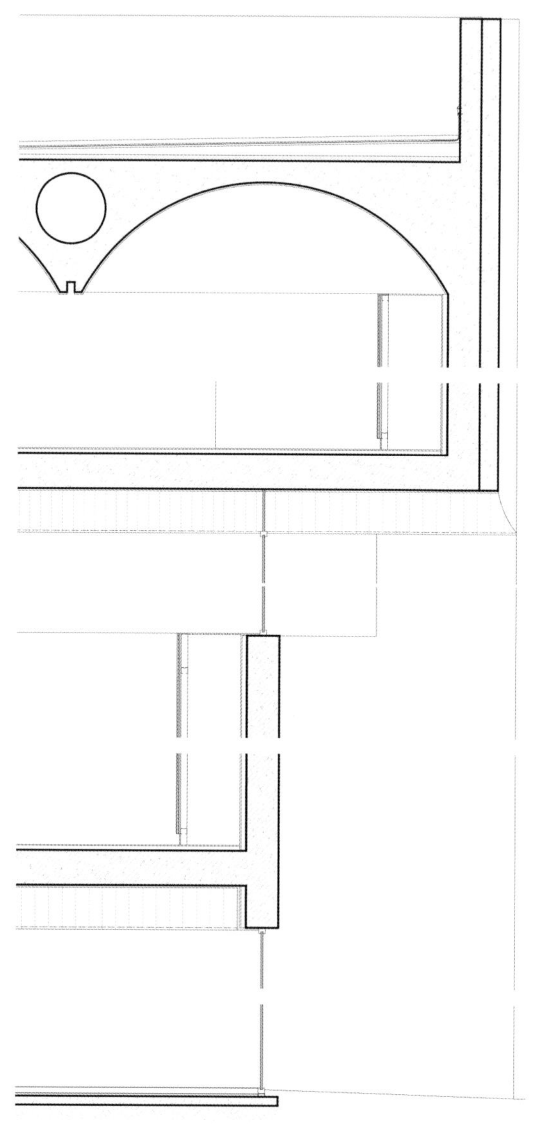
墙身大样

2 / 3

2. 美术馆与广场
3. 美术馆主立面

4/5. 筒形拱顶展厅
6. 拱与楼梯

4
5
6

7. 连续的拱顶
8. 广场、前厅与立柱后的展厅
9. 拱与楼梯
10. 看向山顶的顶层展厅

西安国际少儿美术馆

陕西，西咸新区

设计公司：刘克成工作室
主持建筑师：刘克成、肖莉

建筑师团队：吴超、蒋蔚、王嘉琪、程楚涵
结构设计：中联西北工程设计研究院有限公司
设备设计：中联西北工程设计研究院有限公司

设计周期：2015 年 7 月—2016 年 7 月
建造周期：2017 年 5 月—2019 年 5 月
总建筑面积：约 6388 平方米
工程造价：4696 元每平方米
主要建造材料：钢筋混凝土
摄影：陈溯、方淳、吴超

西安国际少儿美术馆位于陕西省西咸新区空港新城国际文化核心区，兴教大街与崇文路交叉口西北角，紧邻机场城际线艺术中心站，总建筑面积约 6388 平方米，是一座集儿童艺术展示、少儿美术教育及国际少儿艺术交流为一体的综合性专业化主题美术馆，旨在让儿童尽可能走进美术馆感受、学习、触摸艺术与创作，让孩子们产生绘画的冲动，激发孩子们对美术的兴趣与好奇心。

西安国际少儿美术馆的设计概念源自经典童话中的“阿拉丁魔毯”，浪漫舞动的屋顶像极了在空中随意跳动的魔毯，充满神奇、冒险与魔幻，儿童自然而然地被带入奇妙的童话世界之中，开始他们天真无邪的梦幻旅程。

美术馆以鲜艳的七彩圆管构筑出一个彩色的迷宫、一个儿童游戏场，大小不一、高低不同的彩色圆管相互堆叠，宛如孩子们创作的一幅幅画卷。孩子们在圆管中穿行、躲藏、表演、憩息的众多行为，给予了美术馆独特的空间体验感与行为多样性，是一种对儿童好奇心的空间行为表达。

魔毯概念下的美术馆动态屋面，赋予了建筑室内自由流动的空间特质。净高的持续变化，梦幻又灵动；尺度的极限探索，震撼又迷人；空间的多元简化，真实又质朴。建筑功能分布：一层主要由入口门厅、主展厅与专题展厅及行政办公室三部分组成，二层主要为雕塑展厅，负一层主要由多功能厅、小剧场、藏品库、艺术品商店及设备用房等部分组成。同时美术馆南侧、西侧、北侧及中央局部位置分别设置了多处绿化活动庭院，树木、草坪、艺术创作、游戏等，极大地提升了美术馆空间与自然环境的交融度，为美术馆带来更多的自然气息与天然素材。建筑主体结构是混凝土框架结构，施工工艺成熟，周期短，完成度高。建筑大量采用混凝土预制圆管，现场吊装，降低造价，压缩工期，减少污染，误差控制良好，建筑整体效果得到保障。

总平面图

1

1. 局部外景

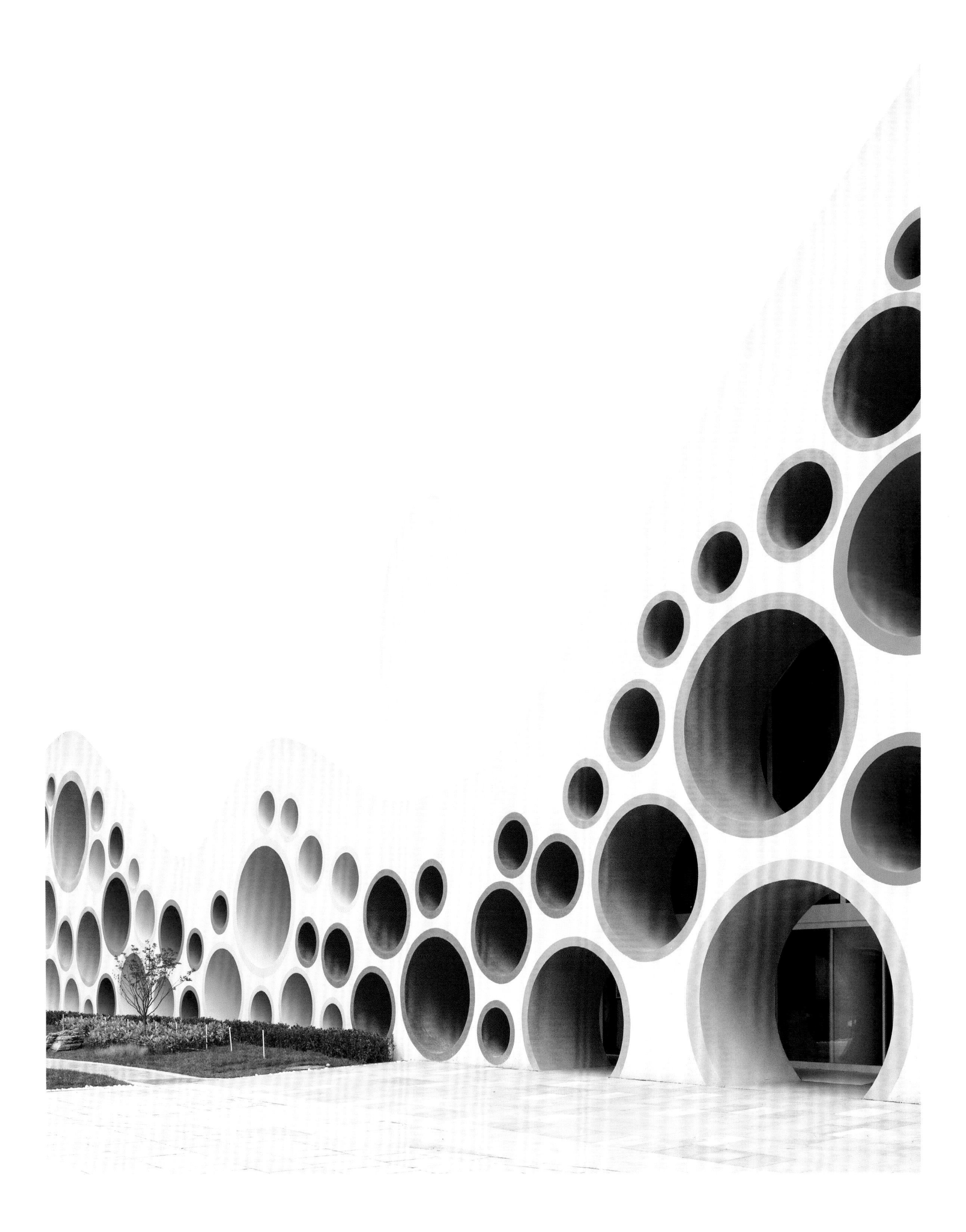

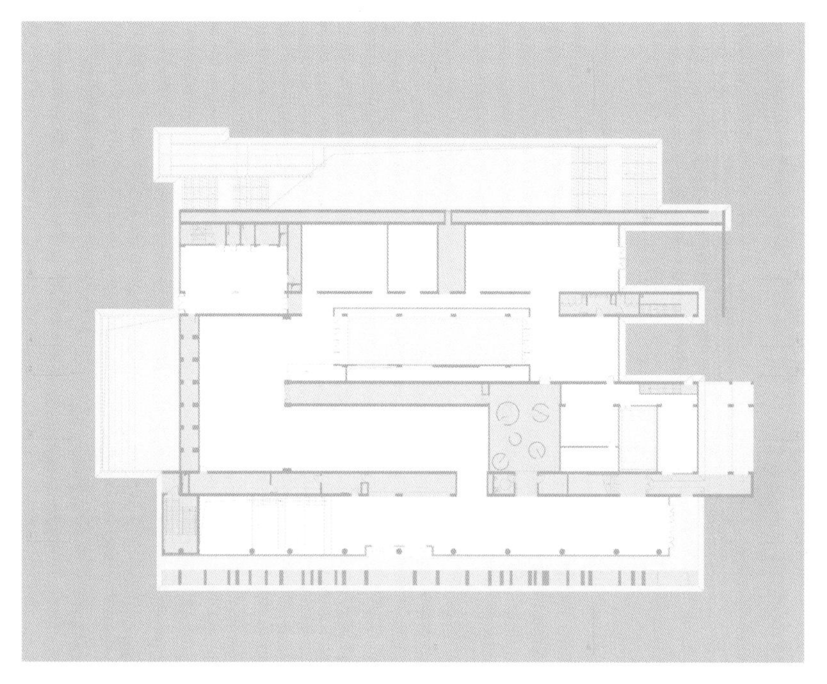

一层平面图

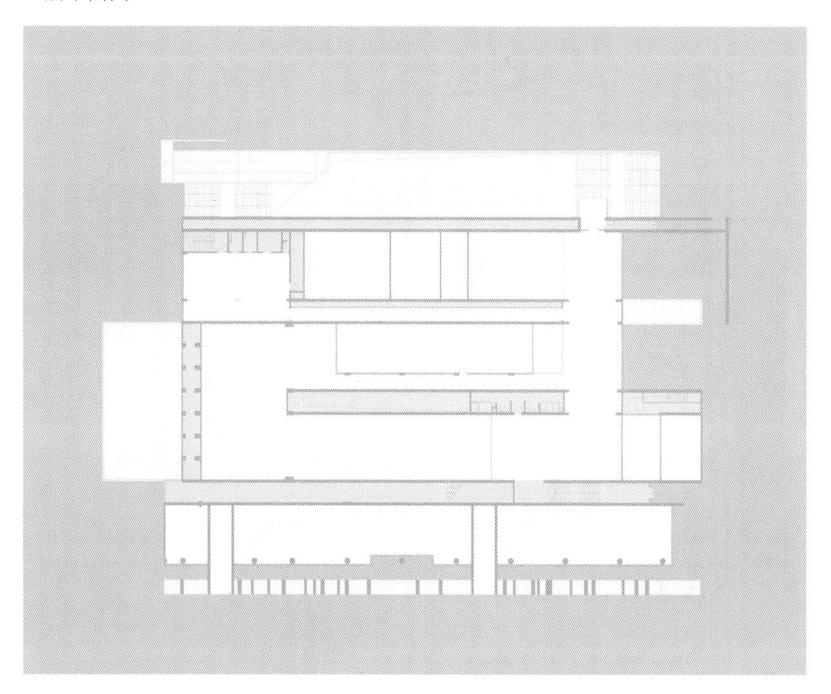

二层平面图

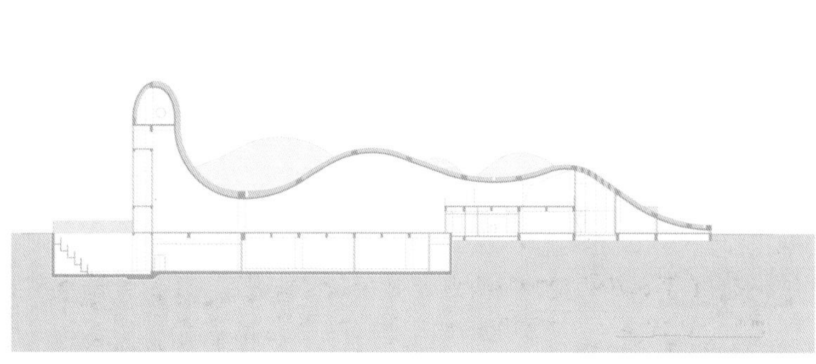

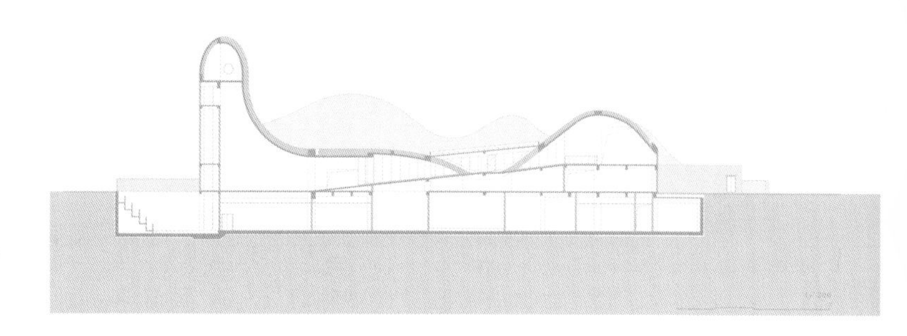

剖面图

2

2. 全景夜景

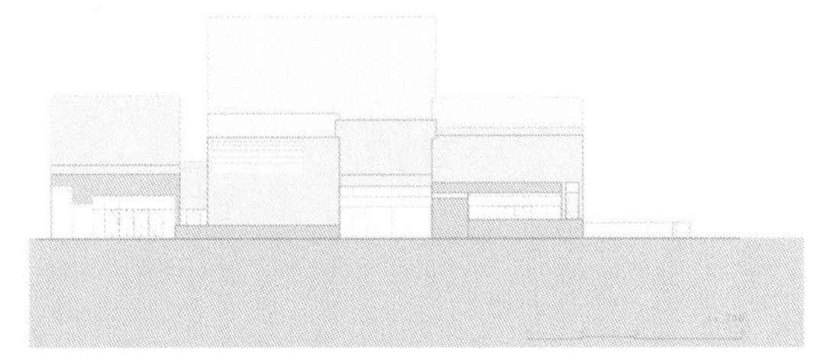

立面图

3. 展厅一角
4. 展厅远景
5. 展厅仰视
6. 展厅鸟瞰
7. 活动庭院
8. 儿童卫生间走廊
9. 儿童卫生间

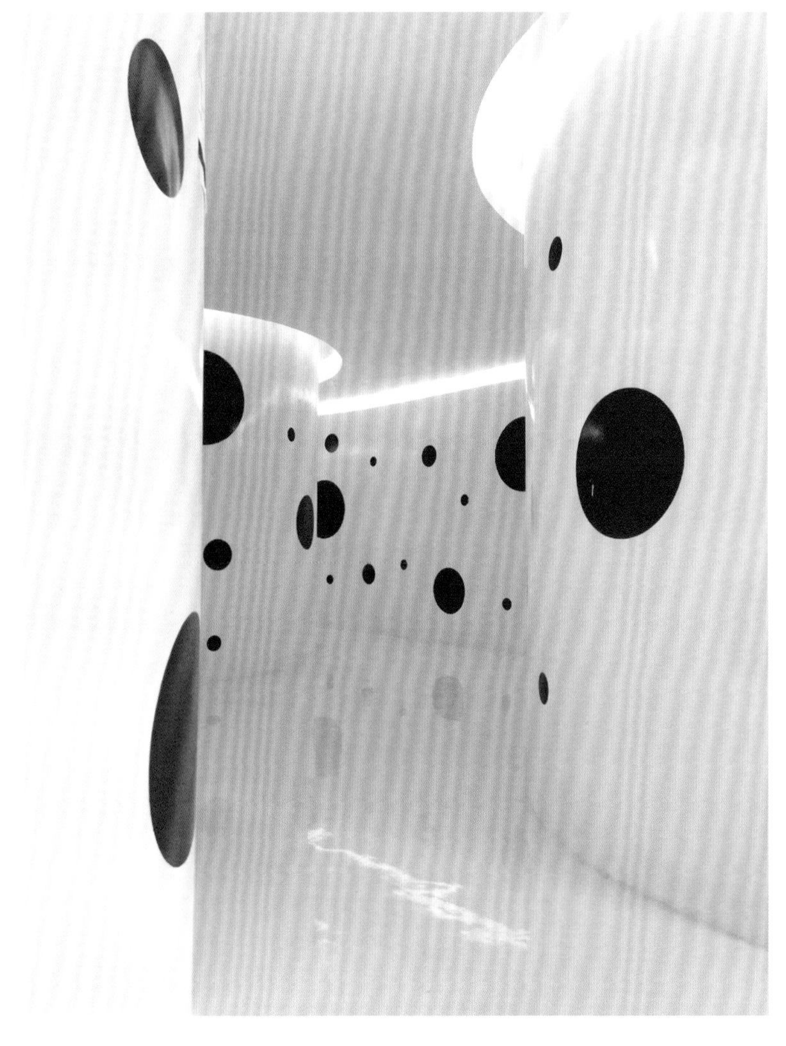

三水文化商业综合体

广东，三水

设计公司：筑博设计联合公设 AAO
主持建筑师：钟乔、萧稳航

建筑师团队：黄昕、张碧勤、曲羽、傅希希、曹泰铭、陈普、陈卓、李壮威、刘孝安、李司祺、朱焕焕、钟晗露、陶轲（方案）
管彤、苏彦、问永飞、苏哲、冼汉枳、蔡广敬、杨金龙（施工图）
结构设计：冯平、欧晓忠、朱梓铭、窦科楠、胡浩、蔡敏、梁敏瑜
设备设计：詹颖慧、田博睿、郭子泰、杨波、陈娟、黄植有、孙忠林、邵秀丽（给排水）
于振峰、吴建华、赵波峰、刘立成、刘瑞鹏、朴文杰、苗建增、徐峥（暖通）
赵光华、丁永军、黄海燕、王信淇、陈伟、夏学智（电气）

设计周期：2014 年 6 月—2019 年 4 月
建造周期：2017 年 3 月—2019 年 8 月
总建筑面积：138,000 平方米
工程造价：9.9 亿元
主要建造材料：钢筋混凝土、石材、铝板、穿孔铝板
获奖情况：2019 年第十七届国际设计传媒奖年度空间大奖
2019 年 8 月广东省注册建筑师协会第九届广东省建筑设计奖（方案）公建三等奖
2016 年 8 月第三届深圳市房屋建筑工程优秀施工图设计评选公建铜奖
2015 年 4 月首届深圳建筑创作奖银奖
摄影：吴清山

地理位置及周围环境

三水文化商业综合体位于三水新城水庭南岸，与三水商务中心隔湖相望，东邻三水大道，南靠保利中景花园，西望三水荷花世界，是三水区最为重要的文化综合建筑。

主要建筑

三水文化商业综合体主要包括：图书馆、档案馆、城市规划展览馆、大剧院、文化活动中心、科技展览馆及配套商业。

设计缘起

三水文化商业综合体，位于三水新城核心区中轴水庭南侧，揽水庭之盛景。目前，中国城镇化已进入高速增长时期，在城镇化急促的步伐下，曾经存在于这片土地上的池塘、田野和尺度得宜的岭南村落正在被慢慢地吞噬消退。项目之初，伫立于场地之上，身边泥头车与挖掘机的轰隆声让团队深刻体会到发展的巨轮正无情地压碾着这片土地的记忆……

三水文化商业综合体与常规的城市项目一样，存在着有限的用地和大规模建设的矛盾。如何控制项目的尺度，最大限度地将地面开放空间留给市民，延续三水的岭南文脉，延续水庭自然环境和城市的密切关系，成为项目的最主要目标。为此，团队在项目伊始就拟订了 3 个关键点与 3 个创新与突破点。伴随三水新城的逐步成型，文化活动中心以其亲切的亲水形象，逐步吸引了周边的居民聚集于此，看展、观演、游玩、运动，以至于饭后的散步与乘凉。

3 个关键点

适宜尺度——舫：栖映于湖畔。

三水原有的城市肌理是宜人的街坊式城市格局，鲜有巨构的体量。三水文化商业综合体利用城市干道与湖岸的 4 米高差，适当抬起地面 1.5 米，将大部分建筑体量置于其下，形成“超级地表”之下的公共空间，“超级地表”成为节庆广场，市民从城市界面非常容易到达。余下的建筑体量被分割成连而不断的 5 个“小房子”，避免了巨构建筑对水庭的独占性，成为坊城。场馆间构筑成为坊间的空间场所，自然景观透过适宜体量的建筑漫入城市，人们以多种多样的路径穿越文化商业中心到达水庭。同时，得益于水庭湖岸的湿润，坊成为舫。舫城并不是存在于城市与自然间的屏障，它更像是一个海绵，吸引着两侧的人流，并于此相互交融、汇聚。这一点的成功，得益于舫城所具备的场所开放性和其与自然的交融性，市民游走其中并不会感受到场所的限定与拒绝感。

1. 连接城市与自然的文化
2. 荷叶田田青照水

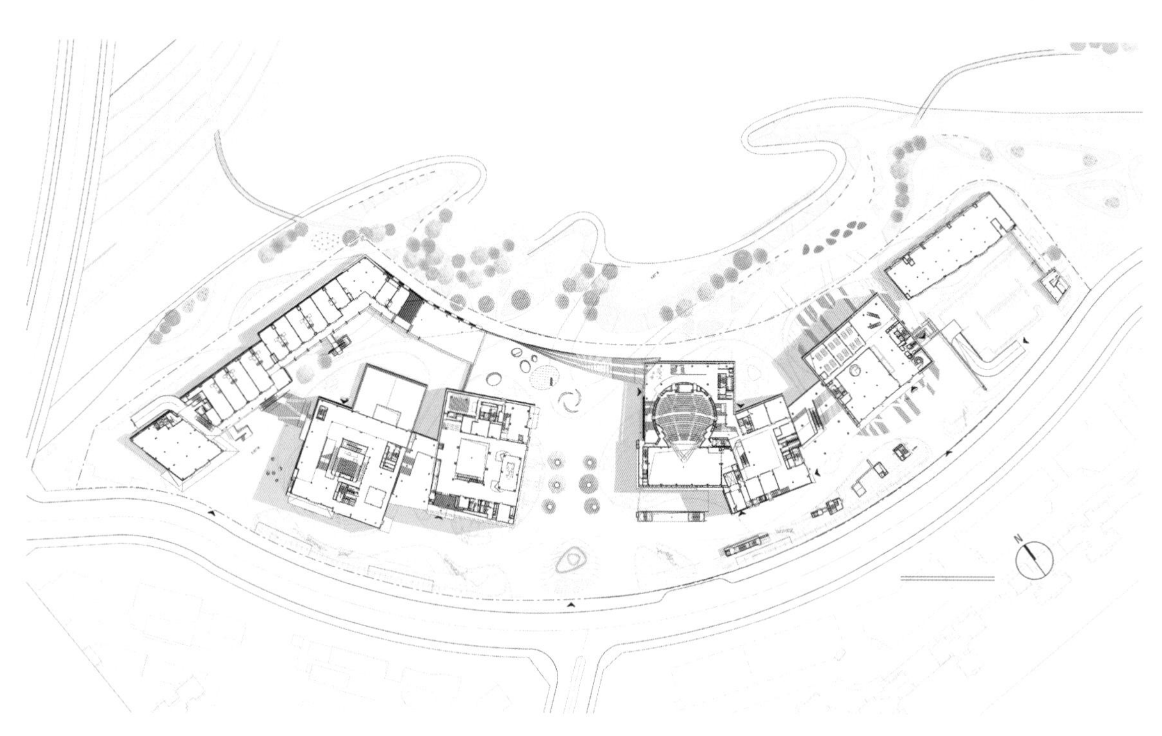

一层平面图

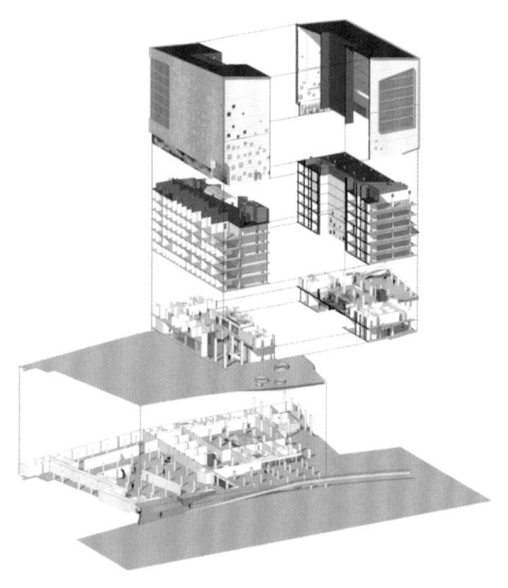

档案馆轴测图

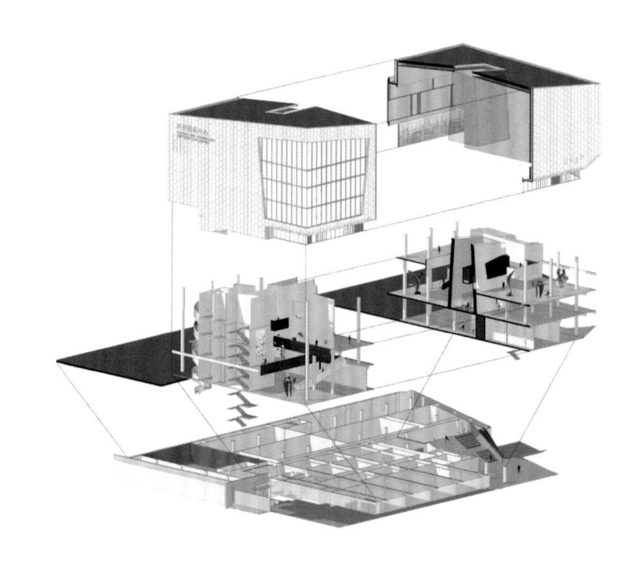

科技展览馆轴测图

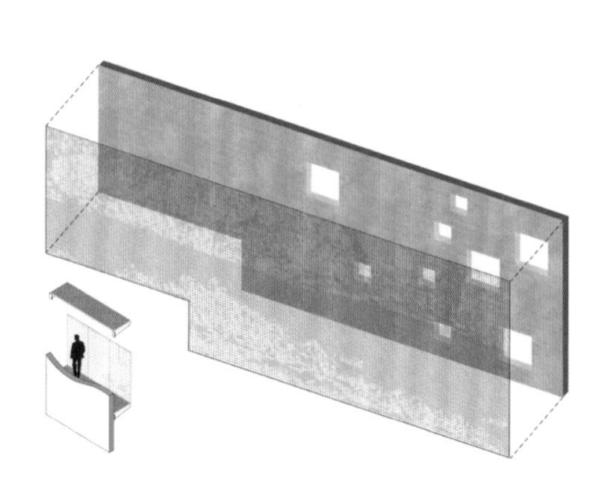

双表皮系统

3 / 4

3. 坊间广场与节庆广场间的大台阶
4. 暮光下的坊间广场

5. 科技展览馆侧节庆广场望向坊间广场
6. 科技展览馆侧节庆广场与坊间广场的捷径
7. 大剧院穿孔铝板立面细节
8. 档案馆与城市规划展览馆沿湖立面
9. 科技展览馆中心庭院

文脉传承—— 续：“五岭以南，高温多雨，其房必惜通，喜阴凉。”

在尺度的层级上，团队有效地控制了地面建筑的体量，更多地留出地面公共空间和架空通廊，在提供阴凉的同时保证城市通廊的延续。在造型把握上，力图采用现代的手段诠释岭南建筑的神髓：连绵的坡顶、白墙，结合可持续策略中的被动式建筑原理设置遮阳立面及天井式内庭院，以行之有效的岭南建筑语汇，应对亚热带季风气候所带来的高温、湿热。

骑楼商业模式曾经盛行于广东、福建、广西与南洋

一带，随着大型商业综合体爆炸性发展而日益萎缩。三水文化商业综合体坊间广场作为有别于节庆广场的市政功能存在，是一系列小广场和商业街道骑楼的串联。骑楼与广场的两侧作为湖景特色商业街与文化场馆的次入口，可以通过节庆广场上的景观台阶、自动扶梯或坡道进入，也可以从水庭公园多处开口进入，作为文化活动的辅助商业补充。未来三水的市民可以在这里度过一个又一个有意义的傍晚和节假日，享受一个又一个阖家欢乐的喜悦。

以建筑描绘山水画卷

三水，因西江、北江、绥江三江在境内汇流而得名。它的青山绿水让人过目不忘，三水新城以山、水、岛、城、洲的规划理念更让人为之向往。三水文化商业综合体的建筑立面用一幅完整的水墨山水画绵延串联，既分亦合，远看建筑群跌宕绵延，近看水墨画是通过参数化的圆洞尺寸和密度呈现的。建筑师跟幕墙设计师共同实践，还创新性地把金属板材做了捶打效果，以减弱金属质感，增加建筑表面光线的漫射，更加真实地模拟呈现中国宣纸的肌理。白天，这幅立体的水墨山水画卷在白色外墙上清晰绵延；入夜，内藏的灯光亮起，针对不同的节日庆典做出相应的变化效果，建筑立面上的山水画卷在灯光下形成反向版画效果，成为三水新城崭新的有特色的文化名片。

三水文化商业综合体，定义新一代城市文化设施，它将城市广场公园、文化、艺术、商业和开放式水体景观联动起来，并以温煦、开放、亲切的态度置身于城市之中。希望带给市民的并不只是阳春白雪的高雅艺术区，更是一个充满文化熏陶的体验式参与空间，供周边市民茶余饭后闲逛，周末休憩游玩的阖家欢乐的场所。临水文化商业休闲街作为文化活动中心的重要补充，既丰富业态，又提供更多的可停留性场所，作为水庭与城市间的重要联系纽带，为市民提供穿行的捷径。文化活动中心是一个没有边界的文化设施，希望它能被公众喜爱。它所营造的是一种泛生活文化艺术，将艺术和文化潜移默化到大众的生活中。

10. 图书馆侧节庆广场与坊间广场的捷径
11. 科技展览馆临湖侧展厅
12. 科技展览馆临城市侧展厅

10 | 11 / 12

石窝剧场

山东，威海

设计公司：三文建筑
主持建筑师：何崴

建筑师团队：陈龙、唐静、李婉婷、李俊琪、张娇洁、林培青、赵馨泽、纪梓萌、刘松、李虹雨（实习）
结构设计：郭建生
设备设计：北京鸿尚国际设计有限公司

设计周期：2019年3—5月
建造周期：2019年5—10月
总建筑面积：280平方米
工程造价：250万元
主要建造材料：毛石、钢筋混凝土、玻璃
获奖情况：2019年伦敦国际创意大奖，终选大奖／建筑类一等奖
第99届美国纽约艺术指导协会年度奖，佳作奖
摄影：金伟琦

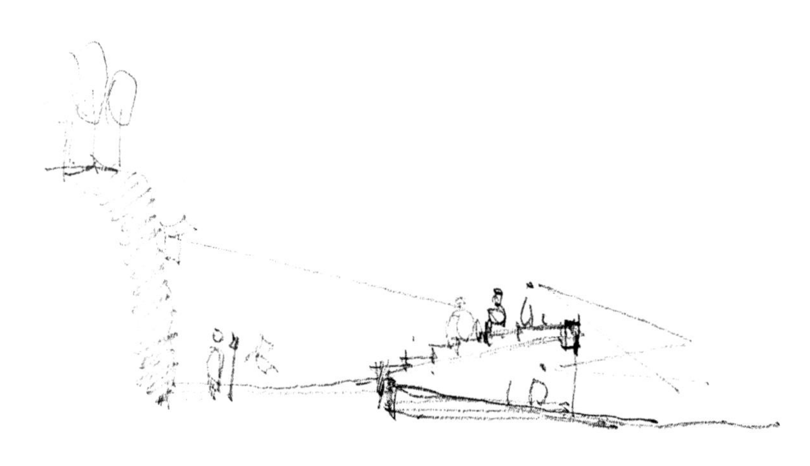

石窝剧场的前身是一个小型采石坑，当地人称之为“石窝子”。项目位于威海市环翠区嵩山街道，场地周边有3个村庄，有数百户居民，长期缺乏公共空间。本案没有采用简单的景观美化手法，而是加入新建筑和新功能——露天剧场+咖啡厅，在为周边村民提供社区空间的同时，也为村庄带来了新的经济收益（举办音乐节、戏剧节）。

设计团队在考察现场时候，发现了被废弃的采石坑，也发现了它独有的魅力。采石坑规模不大，形状如同自然弯曲的手，采石坑经历了岁月的侵蚀，呈现出一种“人工—自然”的图景，特别是暴露在外的石壁，峥嵘奇峻，给建筑师留下了深刻的印象。从某种意义上讲，这是一个风景建筑（Architecture in Landscape）。建筑师希望以一种“轻”的姿态来处理场地、建筑的形态以及两者之间的关系。场地中原有的石壁被完整保留，不做任何处理，成为剧场的背景墙。在建筑师看来，石壁本身就是最重要的观演内容，它不仅是舞台背景，也是演出者本身。石壁的存在决定了整个剧场的性格和气氛，是空间的起点。

看台环抱石壁设立，从舞台地平面逐渐抬高，与石壁一起形成聚拢的场地。舞台和看台的形状根据原有地形设置，并不追求对称；看台的台阶被设计成自由的折线状态，进一步加强了场地的景观性。

原场地地坪呈从石壁向下的斜坡状，与看台的抬起趋势相反。依循这个特征，看台下面被藏入了一个新的建筑体量。它与看台共用支撑结构，包括储藏室、公共卫生间和咖啡厅，可以为剧场提供后勤和公共配套服务。为了不遮挡和不抢夺石壁的“主角”地位，建筑高度尽量压低，外形也趋于规整。建筑正立面由一系列落地窗洞组成，窗洞与窗洞之间的墙面厚度被有意强化，建筑师希望给人一种洞穴的感觉，回应场地原有采石坑的历史。建筑两侧设有台阶和坡道，供人们进出舞台区域。建筑材料选用毛石，而其中的大部分石块来自平整场地时挖掘出的石头。建筑师希望从形式和物理属性上表达建筑从场地中生长而出的概念。

1. 建筑与周边村庄的关系
2. 从自行车绿道看建筑

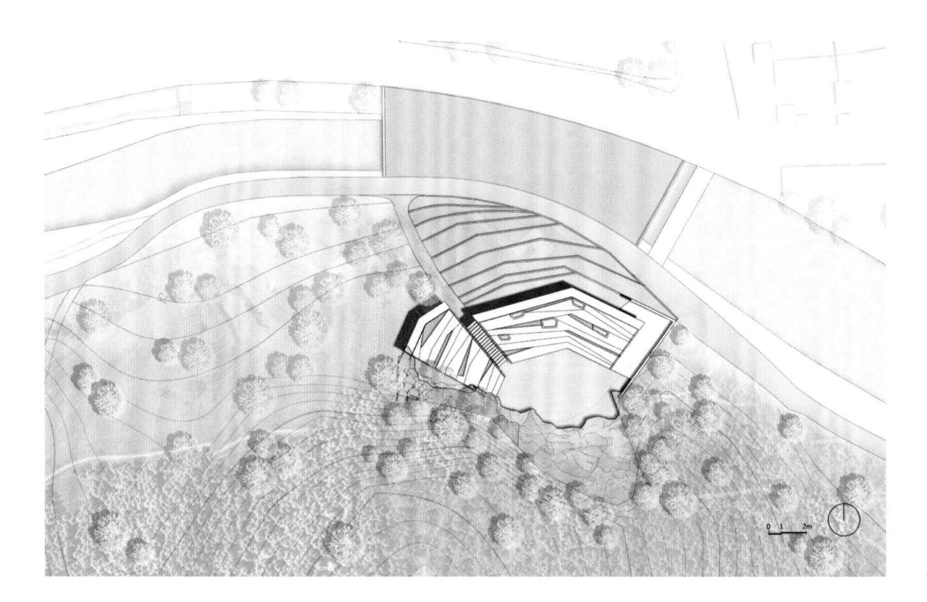
建筑总平面图

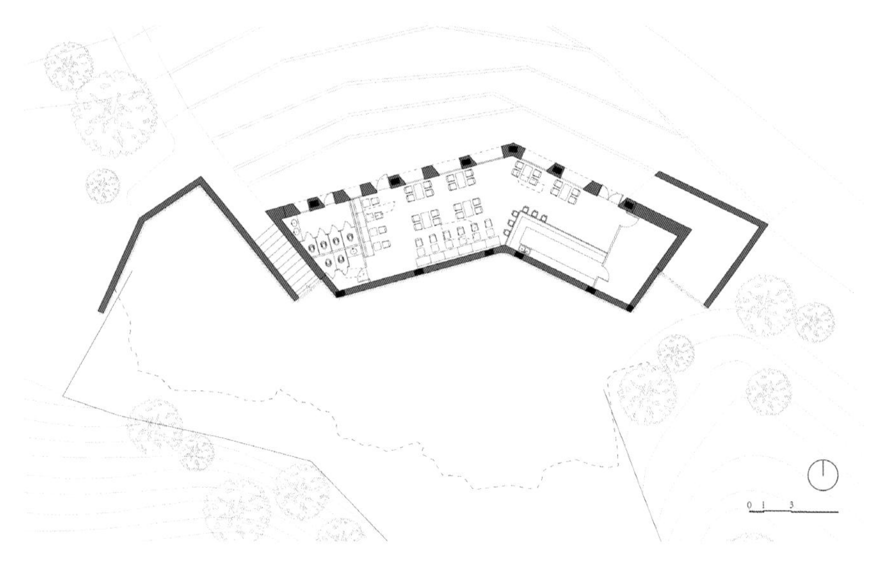
一层平面图

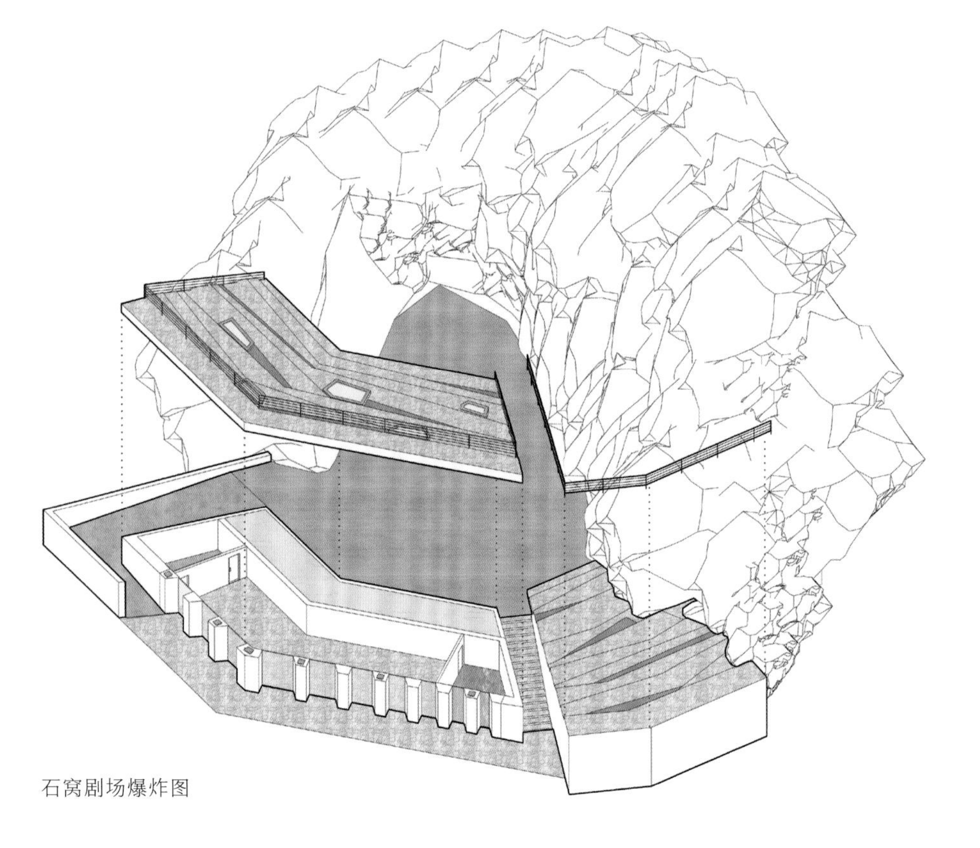
石窝剧场爆炸图

剖面图

3
4 5

3. 石壁被完整保留，舞台和看台围绕石壁设置
4. 舞台与看台
5. 看台上设有天窗，为下面的咖啡厅提供照明

6 7
8
9

10
11
12

6. 石头台阶联系咖啡厅和舞台
7. 坡道保证了所有人可以到达舞台和看台
8. 进入舞台的主要通道
9. 建筑立面使用地方传统垒石工艺
10. 夕阳中的石窝剧场
11. 夜晚的石窝剧场
12. 夜景

建筑的室内空间不大，空间布局相对简单，倾斜的屋顶、不规则的天窗暗示了建筑与看台的关系，又加强了室内的戏剧性。建筑师希望空间气氛给人以热烈、硬朗的感觉，洞穴、采石坑和工业感是室内设计的基本意向。石材、略显粗犷的木材、皮革、金属成为塑造空间的首选材料，工业风的灯具和家具进一步加强了这种氛围。暴露的光源形成让人迷离的眩光，配合东西两侧墙面的橙黄和天窗内壁的宝石蓝，建筑室内给人一种复古的慵懒感。

13/14. 使用中的石窝剧场
15. 建筑室内空间作为咖啡厅使用
16. 室内
17. 室内吧台

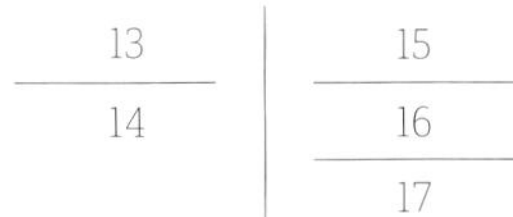

先锋厦地水田书店

福建，宁德

设计公司：迹 · 建筑事务所（TAO）
主持建筑师：华黎

建筑师团队：栗若昕、翟冬媛、程相举
结构设计：马智刚、张岁平
机电设计：吕建军、李鑫、赵紫瑞、李伟（Kcalin 机电设计）

设计周期：2019 年 3—6 月
建造周期：2019 年 7—10 月
总建筑面积：397.3 平方米
主要建造材料：钢筋混凝土、钢
获奖情况：在“新时代杯 · 2019 时代出版 · 中国书店年度致敬”活动中获得年度最美书店奖
摄影：陈颢、卓育兴、华黎

场地分析草图

先锋厦地水田书店位于福建屏南厦地古村北侧，被一片水田环绕。建筑的前身是一座荒废已久的当地民居，在建筑师到来时仅保留着三面完整的夯土老墙和残破的院墙。

基于对场地历史以及村落整体景观的尊重，新建部分基本隐匿于老墙之内，从外面看似乎什么也没有发生。残存的老墙被视为容器，包裹了混凝土和钢结构的新建筑，形成当代与传统的对话。

在内部，两面折线形的混凝土墙成为新的结构主体，两层楼板由此向两翼悬挑展开，在角部与夯土墙衔接，给予老墙稳定结构，边缘处与老墙脱开，让光从天窗进入内部。夯土墙与混凝土墙之间形成封闭内向的书店陈列空间，两面混凝土墙之间界定了建筑内部尺度最大的空间——小剧场，成为在狭小空间之后意外发现的惊喜。最西端的悬挑体量成为从老墙的包裹中唯一溢出的部分，这里形成三面向外的咖啡厅空间，在此感受村落和水田的风景。

在建筑最中心，一根钢柱穿透混凝土结构并在其上支撑起一个伞形屋顶，其位置和形式暗示了已消失的老宅屋顶，伞下的遮蔽空间提供了阴凉和远眺的场所，犹如在田野中升起的一个凉亭。伞形屋顶结构悬挑，荷载经主梁传递至唯一的钢柱，使重力汇集于房子的形心。四角的槽钢将屋顶拉住，以保持其侧向稳定，雨水通过槽钢流到向内倾斜的混凝土屋顶，再流回中心，变成另一种形式的四水归堂。

光从顶部天窗进入，穿过折线形楼板与夯土墙之间的缝隙，在某些时刻，充分描绘夯土墙的沧桑。混凝土以屏南本地碳化松木为模板，木纹混凝土粗野而细腻，与古老斑驳的夯土墙形成新材与旧物的对话。

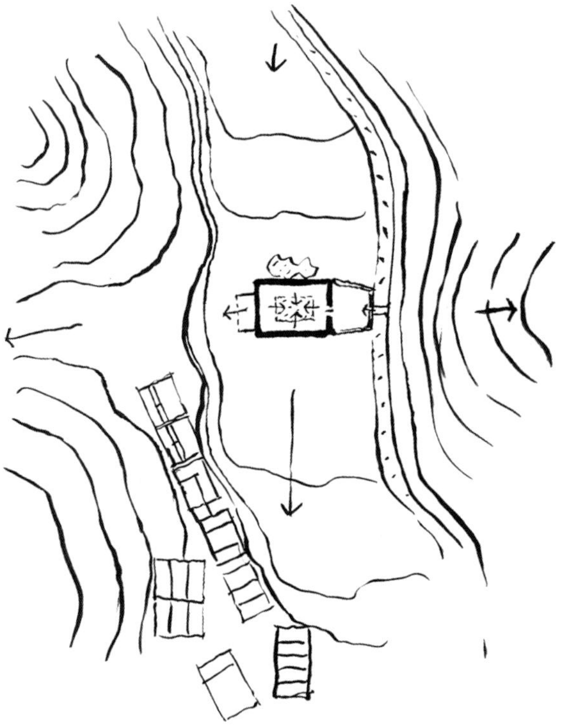

1

1. 书店鸟瞰

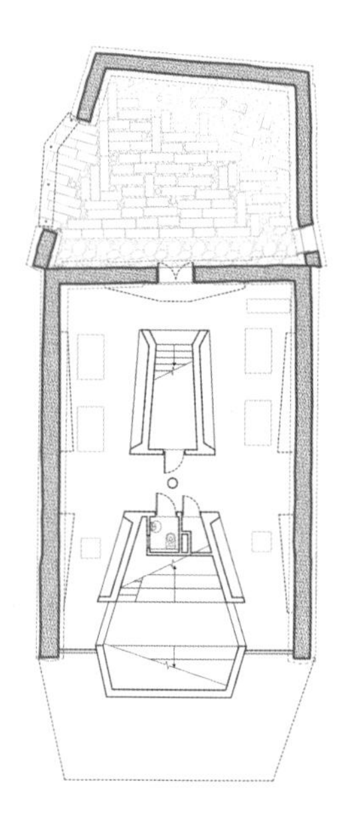

一层平面图

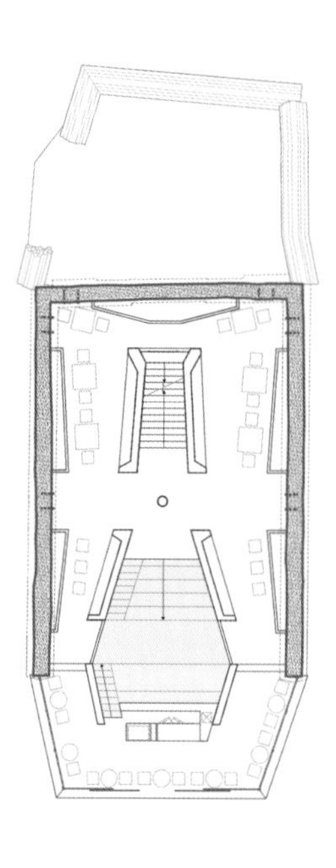

二层平面图

2

2. 水田中的书店

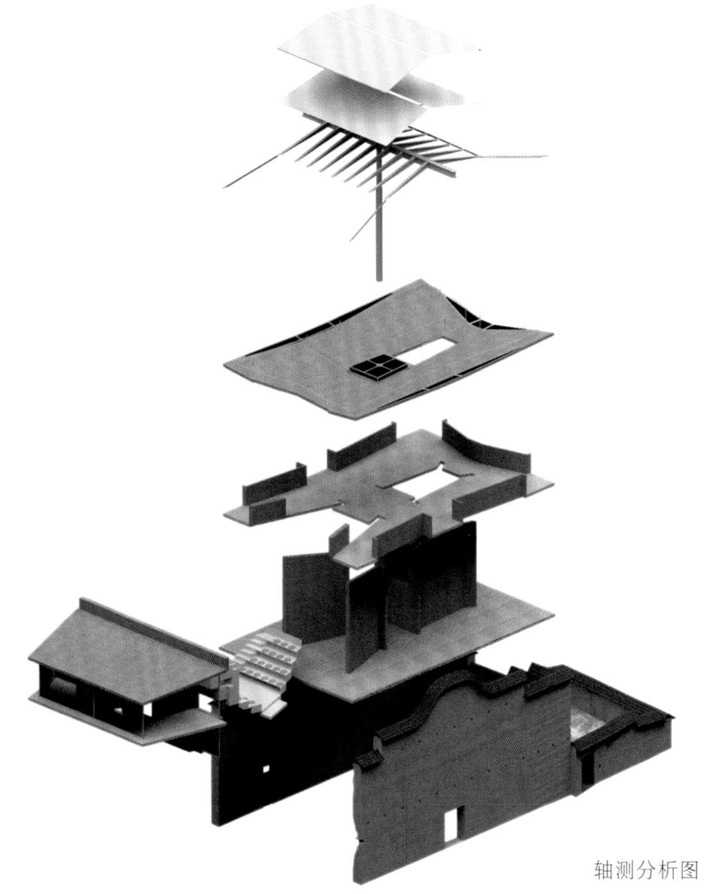

轴测分析图

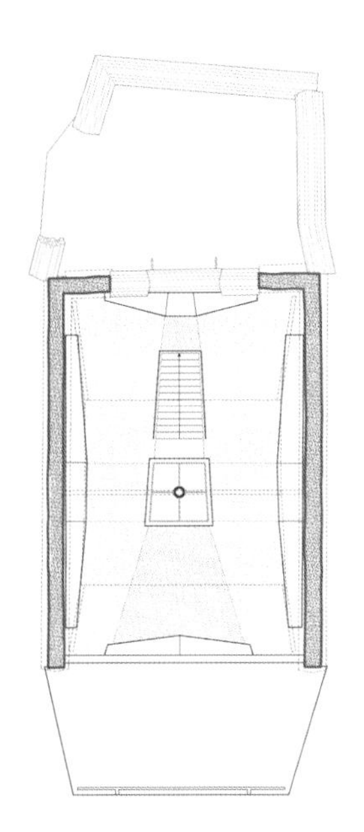

三层平面图

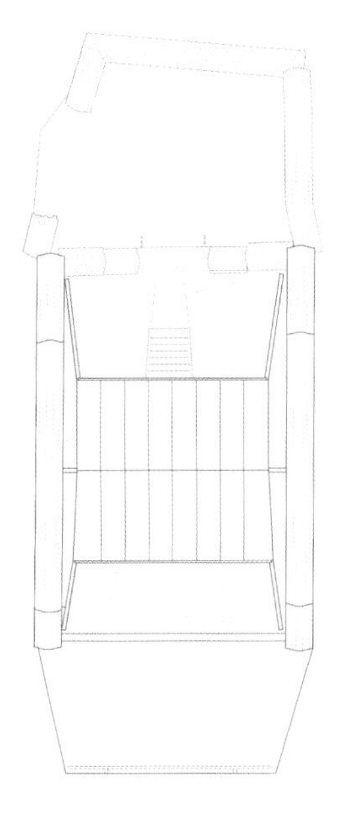

屋顶平面图

3. 书店远景
4. 书店全景
5. 入口处
6. 通向二层的楼梯
7. 二层中心空间

3
4
5
6
7

8/9. 二层阅读区
10. 楼板与夯土墙之间的缝隙

8
9
10

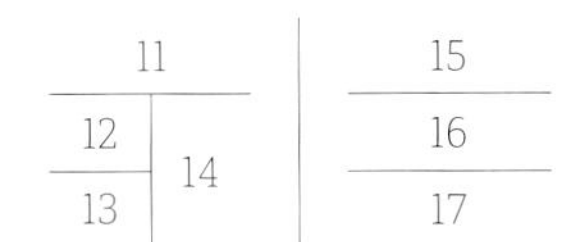

11. 二层中心空间
12. 集会空间
13. 咖啡厅
14. 从二层看向剧场
15/17. 屋顶夹层平台与伞形结构
16. 伞形结构

时间塔

江苏，南京

设计公司：北京市建筑设计研究有限公司朱小地工作室
主持建筑师：朱小地

建筑师团队：赵旭、马岳东、张涛
结构设计：北京市建筑设计研究有限公司 4A7 工作室
设备设计：光湖普瑞照明设计有限公司（建筑灯光设计）

设计周期：2019 年 11 月
建造周期：2019 年 12 月
总建筑面积：470 平方米
工程造价：600 万元
主要建造材料：钢材、幕布
摄影：张哲鹏、赵旭

由建筑师朱小地设计的大型装置——时间塔，是 2020 年南京青奥灯光艺术灯会期间，艺术家冰逸的跨媒体项目的实体部分，于 2019 年 12 月 27 日亮相在南京青奥文化轴线之上，成为灯会的形象标志。

中国人对于时间的理解绝非以公元纪年那么简单，对昼夜交替、四季轮回的观察和体悟让古人建立起时间与空间对应的时空观念，更加注重环境的变化对人的影响，引发对天地之间的人生意义和价值的追问，并创作出许多感叹时光的诗文，流传至今，从而构成了中国人的文化属性和精神世界。

时间塔将这样一个深远而博大的时间主题聚焦到一个装置之上进行表达，以若干层大小不断变化的圆盘连接的立体架构与围绕在周边的面积不等、不断上升的屏幕进行组合，形成了立体的、相互掩映的空间关系，将具象的实体存在转化为空间的抽象表达。在白天阳光和夜晚灯光的照射下产生丰富的光影变化和梦幻效果，使人在行进过程中获得连贯的观赏体验，完成从空间向时间的转译，并引导观众的视线向上，进入无限的苍穹，感受时空的存在和力量。

在时间塔周围，5 组投影机利用先进的投影技术，将显示内容准确投射在不同大小、不同方位的屏幕之上，支撑了艺术家冰逸创作的跨媒体作品的完美呈现。同时对时间塔内部的灯光照明与外部的作品表演进行统一控制和配合，使时间塔达到了美轮美奂的艺术效果。

这座时间塔是以光和信息流为载体的“光建筑”。以纯粹的光语言为创意理念，意在让建筑成为光的生命体，让时间和光这些难以固化的诗性体验和哲学命题成为可视和可知的全新生命体验。时间塔是集亭、台、楼、阁等各种传统建筑类型空间意象于一体的多媒体建筑，也是满足游、演、播、展等各种文化功能相互转化的综合性舞台。

每一位远观时间塔的人，每一位近赏时间塔的人，每一位走进时间塔的人，每一位登临时间塔的人，都会获得不同的感受，都会对时间乃至生命有重新的认识。

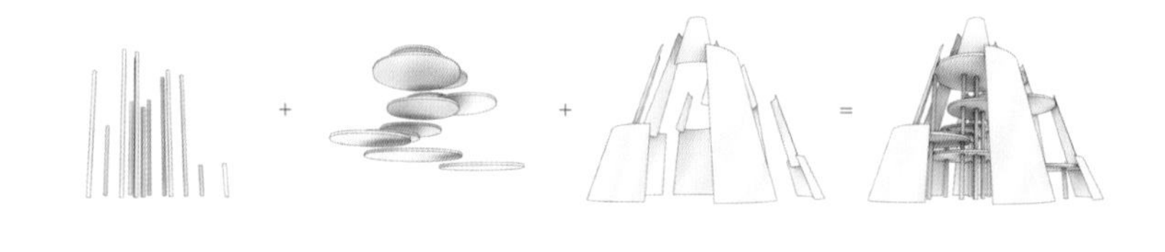

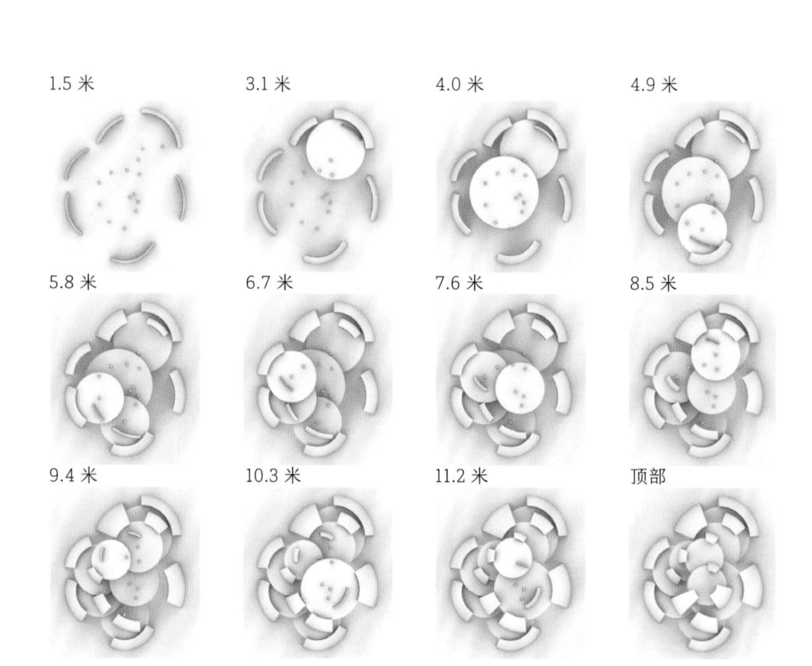

平面图

1
2 | 3

1. 基地紧邻雨花台景区
2/3. 结合投影技术，呈现出美轮美奂的“光建筑”

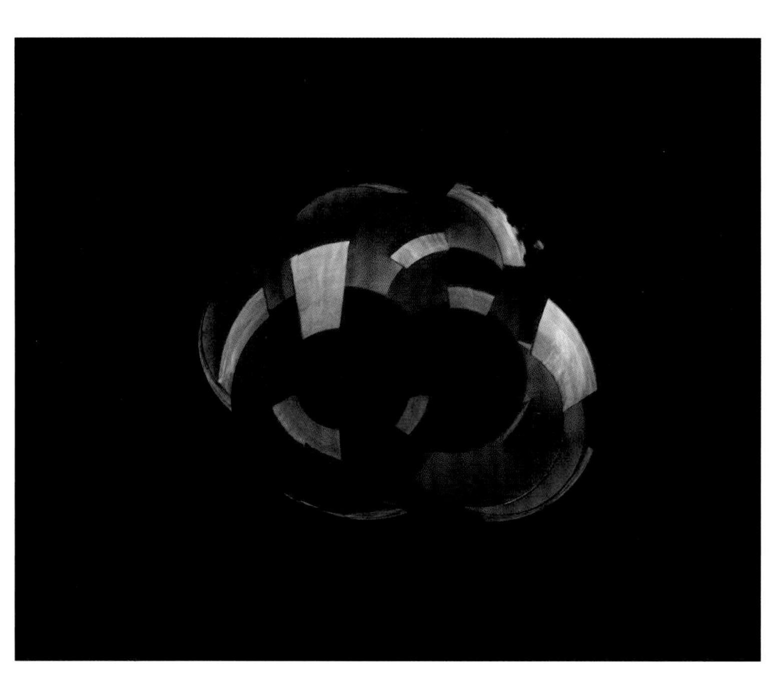

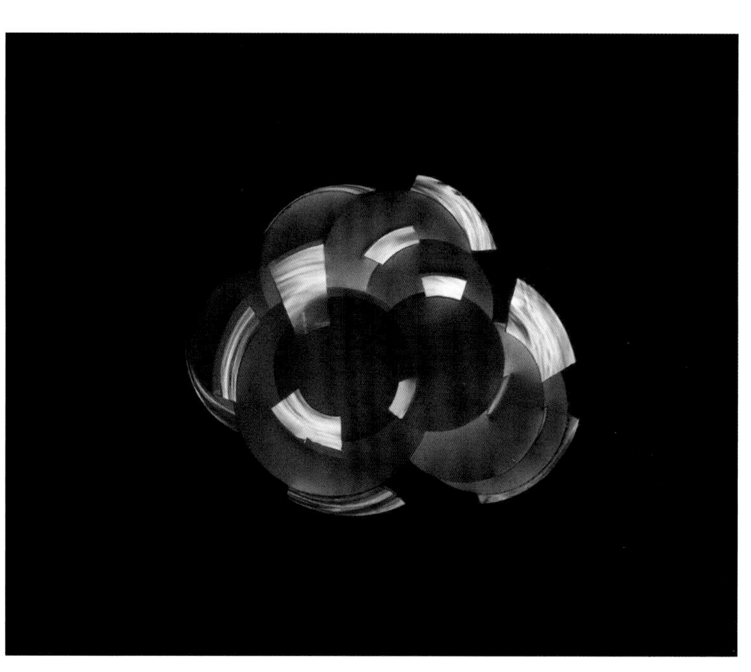

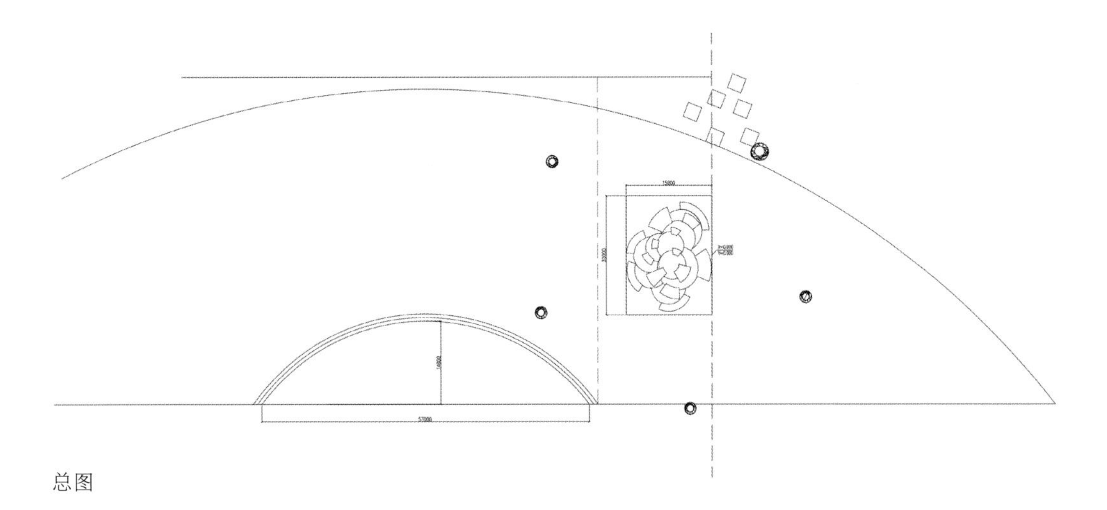

总图

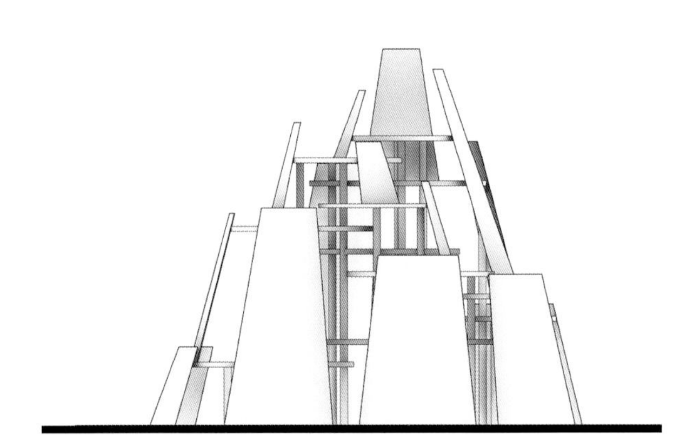

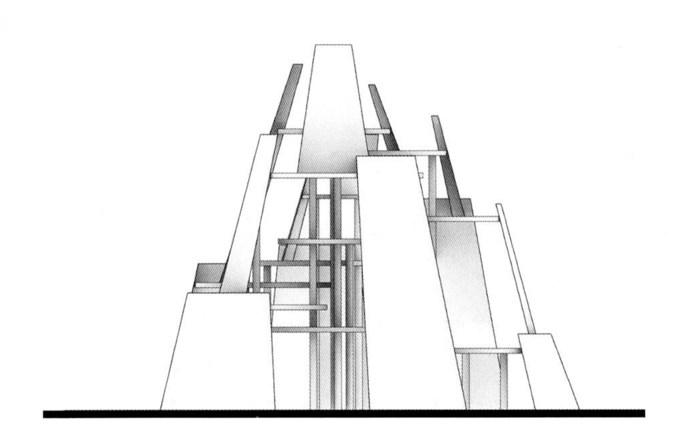

立面图

时间塔夜晚灯光及表演

4
5

4/5. 时间塔白天

言乐庭

江苏，苏州

设计公司：SODA 建筑师事务所
主持建筑师：姜元 、宋晨

建筑师团队：张震、王佳帅、陈菲、柳攀攀、强志文、郝智远、肖天乐
结构设计：汤理达 / 法国 MAP3 建筑结构咨询（北京）有限公司

设计周期：2019 年 8—9 月
建造周期：2019 年 10 月 5—22 日
总建筑面积：933 平方米
主要建造材料：Tyvek®（特卫强®）、木材、钢结构造型
获奖情况：2019 年苏州国际设计周最佳创意设计奖
摄影：姜元、何琪、韩月

在数字化时代，人们习惯沉浸于精彩的虚拟世界，而与真实空间的关系日渐疏远。受居住空间的限制，公共空间日渐成为生活场所的重要延展。因此，在公共空间内的装置除需具备艺术性之外，还应具有一定的功能，以提升空间的氛围与使用需求，增进人与环境的关系。

苏州国际设计周选在有着浓厚人文气息的桃花坞历史文化片区举办，旨在借由一年一度的文化活动，呼吁和吸引大众关注文化设计，同时带动此地的文化商业发展。

唐寅故居便位于此片区内，随处可见的水景庭院凸显了此处的人文气息。SODA 建筑师事务所以苏州折扇作为灵感来源，借鉴扇柄开合的结构方式在水塘中打造了一个大型的沉浸式装置。扇面运用宣纸质感的创新材料制作而成，由中轴向两端展开垂向水面，围合出新的观景空间，打破原有的观看视角，用当代的设计讲述苏州传统的文化故事。

扇形装置借唐寅《看泉听风图》的意境取名言乐庭（Whisper of Wind），进入装置，观者便可在风声泉景中体验当代设计与苏州历史气息碰撞出的契合感。

言乐庭通体为纯净的白色，水面上的廊桥消隐在建筑的入口处，含蓄地传达出将要进入另一个场所的讯息。俯瞰空间，高低错落的大小扇面遮盖住水面，扇面被分解成一条条悬挂的画卷，从高空垂入水池。

装置选用有宣纸质感的 Tyvek®（特卫强®）作为主要材质，特卫强®的清透感和高反射率能将日光柔和地投射到地面上，形成斑驳的影像。

在垂挂的画卷上，以唐寅的《桃花庵歌》文本为填充，通过雕刻的方式勾勒出《烟波浩渺图卷》（局部），清浅的水面映出山水的倒影，穿行于画中，观者的身影也被投入画卷，融为景致的一部分。

扇头下方的空间是言乐庭的核心区域，也是举办室内活动的主要场所，设计师充分利用观者的视线，用垂挂的画卷分割出休憩、观赏、活动的空间，仿照园林的“移步换景”，使观者在半开放、半私密的环境中穿行。

1
2

1. 言乐庭夜景
2. 由《桃花庵歌》不断重复组成的图案被雕刻在垂挂的画卷上，拼接成山水画面

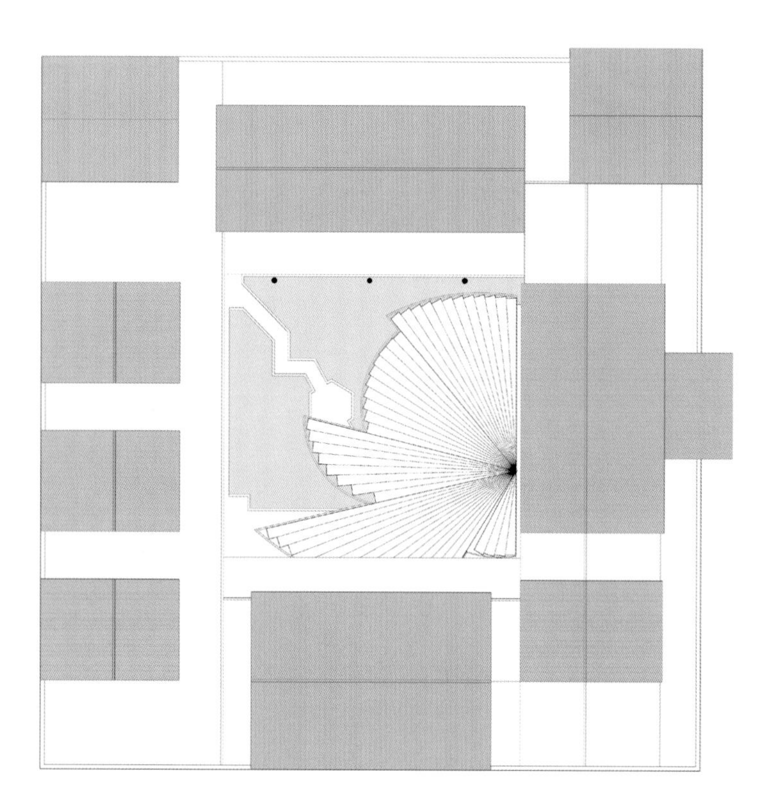

顶视图

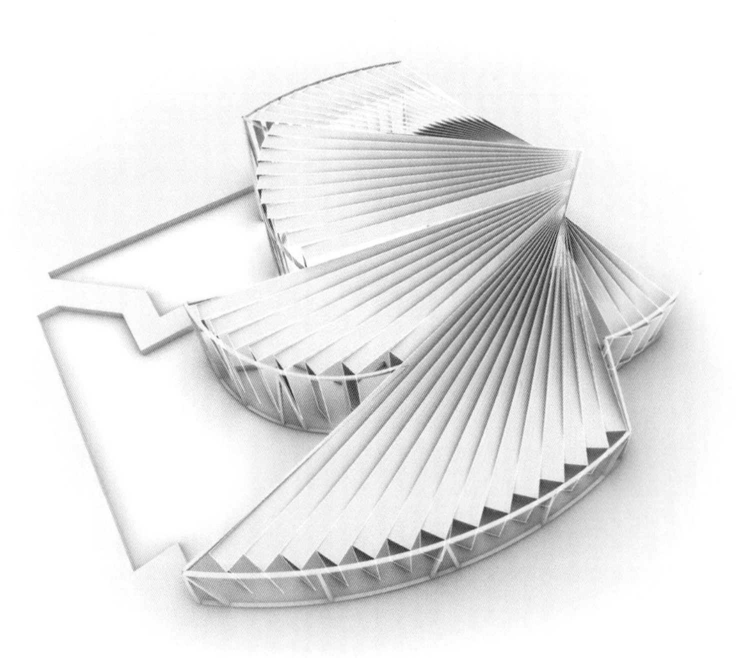

轴测图

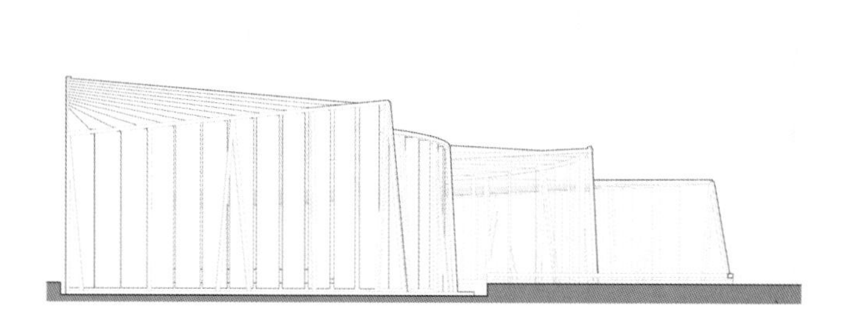

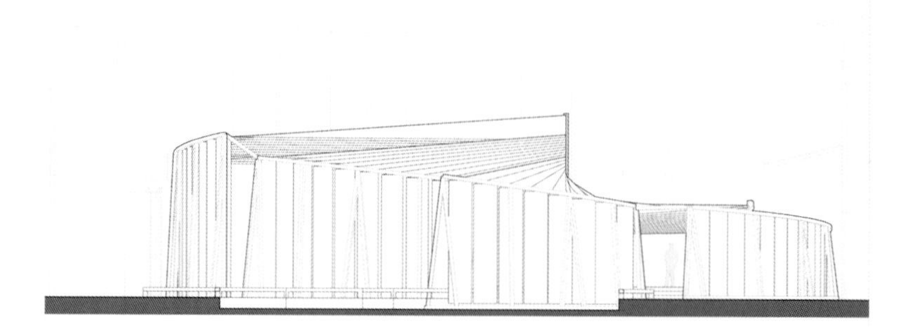

立面图

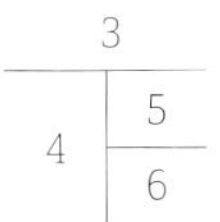

3. 光影下的内部空间
4/5/6. 言乐庭内部，水面的倒影与真实的装置创造出虚实结合的观看体验

7 | 9
8 | 10

7. 远景可见条幅拼接出的山水画面
8. 激光切割技术首次在幅宽一米的特卫强®上使用，雕刻出镂空的文字
9. 扇形结构内部视角
10. 作为休憩及活动空间的扇头区域

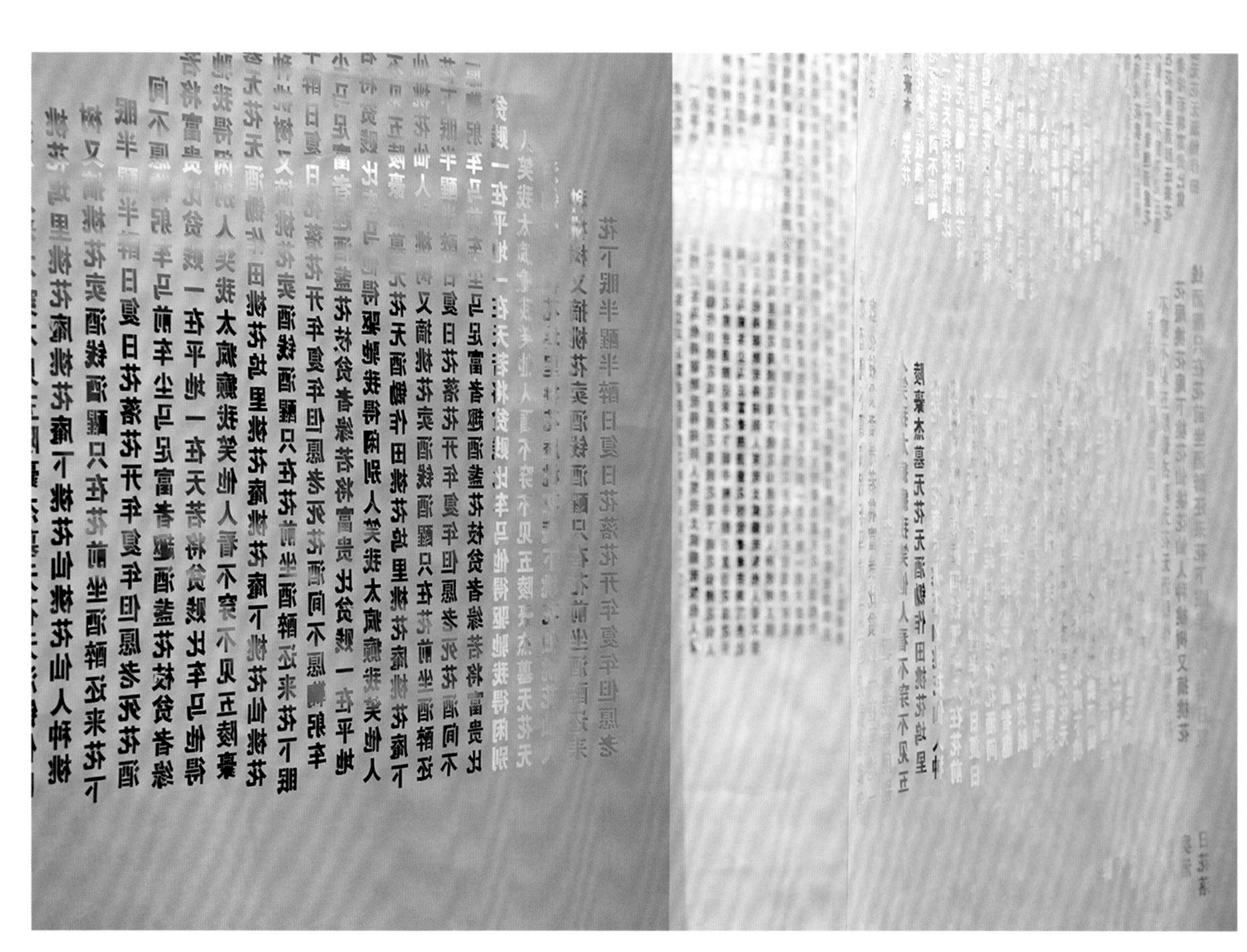

PD 工程

中国，北京

设计公司： 清华大学建筑设计研究院有限公司
主持建筑师： 庄惟敏、任飞

建筑师团队： 盛文革、屈小羽、黄蔚欣、杜爽、李会娟、任智睿、罗子牛、沈锋、燕翔、王鹏、周易、赵丽颖、蒋会来
结构设计： 石永久、刘彦生、王岚、陈宏、张一舟、陈经纬
设备设计： 徐华、刘建华、黄景峰、张菁华、邵强、张华、姬艳举、蒋斌、马胜杰、周浩、刘加根、洪迎迎、张晓伟、孙伟晓

设计周期： 2019 年 3—6 月
建造周期： 2019 年 7—9 月
基底面积： 1530 平方米
主要建造材料： 钢结构、铝方管型材幕墙
摄影： 张广源

PD 工程在国庆 70 周年之际，坐落于天安门广场东西两侧。主体曲线全长约 212 米。中部双向拱曲，结构跨度 75 米，外悬挑 12 米，拱底最大高度 7.7 米。最高处约 16 米，最低处 5 米，内设 4 块 LED 大屏幕。飘逸灵动的飘带，除大屏幕位置以外，六分之五的表皮形态为双曲面。建设场地特殊，现场诸多限制条件都对设计提出了挑战。

在诸多条件限制下，幕墙采用全装配式幕墙单元，可分层调节的幕墙支撑体系最大限度实现对造型的精确定位。参数化编程手段实现了千余条装饰方管的组合形态控制，数百万个图案孔洞的排列和定位控制，让项目的超大规模体量具备了毫米级精度控制的可能。

主体结构为空间钢管桁架体系，端部为大悬挑。在钢梁基础上放置配重抵抗倾覆和滑移。结构开展了风洞试验，并针对结构桁架研发，优化了特定的装配式模块单元和节点。现场采用全螺栓连接，无焊接以保证快速拆装。钢结构模块化设计和装配化施工的理念得到充分验证，为全装配钢结构模块单元的设计提供了很好的经验。

泛光设计采用精准投光的手法，力求以均匀的光环境烘托飘带的飘逸灵动。泛光灯、机电设备和飘带基座部位都隐藏于景观绿植之中，飘带与周边环境完美融合。机电设备设计兼顾安全性、可靠性及经济性，确保工程万无一失。

1. 西侧红飘带即景
2. 从天安门城楼眺望红飘带

3
4 | 5 | 6
7
8
9

3/4/9. 东侧红飘带即景
5/7/8. 西侧红飘带即景
6. 红飘带细节

西安丝路国际会议中心

陕西，西安

设计公司：gmp 国际建筑设计有限公司
主创建筑师：玛格达琳 · 韦斯（Magdalene Weiss）
主持建筑师：汤朔宁

方案设计：苏文、赵梦桐、许海峰、曾子、胡宇轩、王芷菲
施工图设计：同济大学建筑设计研究院（集团）有限公司
建筑设计：邱东晴、余雪悦、胡军锋、奚凤新、赵洪刚、华轶亮、董天翔、陈嵘
结构设计：张峥、许晓梁、张月强、郝志鹏、李旭、姚树典、耿柳珣、李璐、肖阳
设备设计：杜文华、施锦岳、张晓燕、游博林、张恺（给排水）
刘毅、周谨、邵华厦、朱青青、吴佳菲、罗仲（暖通）
包顺强、李志平、陈水顺、武攀、周程里、施国平、朱轶聪、徐建栋、张逸峰（电气）

设计周期：2017—2019 年
建造周期：2017—2020 年
总建筑面积：207,112 平方米
工程造价：37 亿元
主要建造材料：Low-E 中空玻璃、铝板、钢构柱（氟碳喷涂）
摄影：苏圣亮

西安是我国四大古都之一，也是世界历史名城，是历史上丝绸之路的起点。西安是中国西部地区重要的中心城市，也是新丝绸之路的重要基石之一。

西安丝路国际会议中心位于浐灞生态区欧亚经济综合园区核心区，会展大道以西，香槐二路以南。会议中心以欧亚经济论坛为依托，围绕国家“一带一路”建设，延续历史文脉，承载时代需求，打造新丝绸之路沿线的西安新地标。

项目概况

建筑规模：总建筑面积 207,112 平方米，其中，地上总建筑面积 128,369 平方米，地下总建筑面积 78,743 平方米。主体建筑地上 3 层（局部设置夹层），地下局部 2 层，建筑高度 51.05 米。

建筑使用性质：以会议、宴会功能为主，并有配套办公、停车场等功能。地上主体建筑包括一层宴会厅、二层大型多功能厅、三层主会议厅，3 层层高分别为 16 米、16 米、18.45 米。

建筑物的分类与耐火等级：本工程为一类高层，地上耐火等级为一级，地下耐火等级为一级。

建筑主体高度为 51.05 米，屋顶设置有设备平台层，设备平台（无围护结构）屋面标高为 58.80 米。

设计理念

西安丝路国际会议中心的立面设计，以简明抽象的手笔，对中国古典建筑特征进行传承，并给予新的诠释，从而创造出现代而经典、大气而精致、庄重而优雅的标志形象。

设计试图抓住中国古典建筑的神韵，方正对称的格局，虚实有致的体量，宽大弯曲的屋面，理性规整的柱式。

在具体设计手法上，传承格局和体量关系，创新表达屋面和柱式。

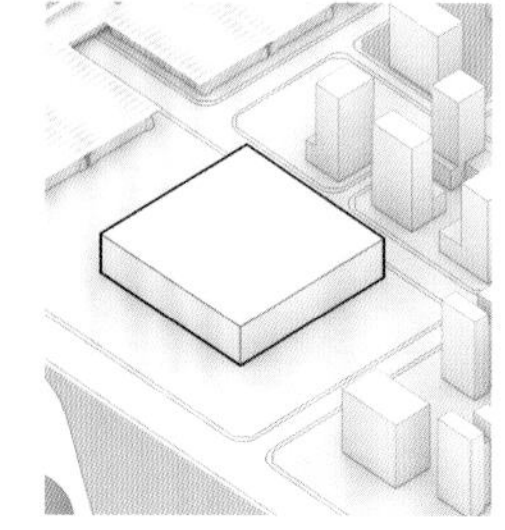
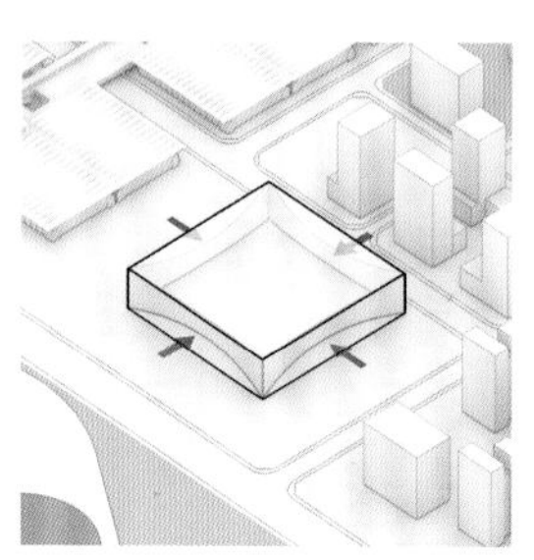
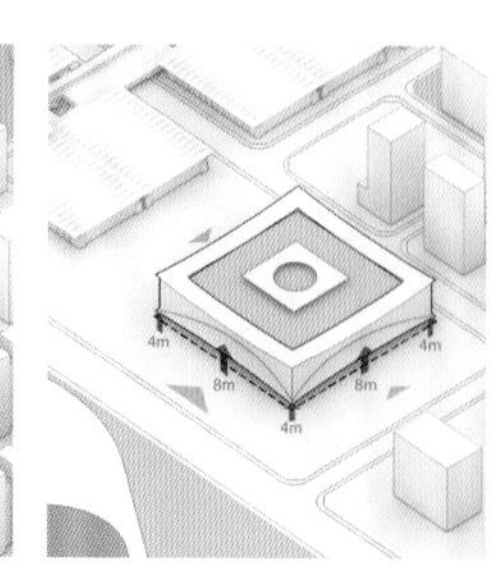

形态生成

1 / 2

1. 总体鸟瞰
2. 沿河鸟瞰

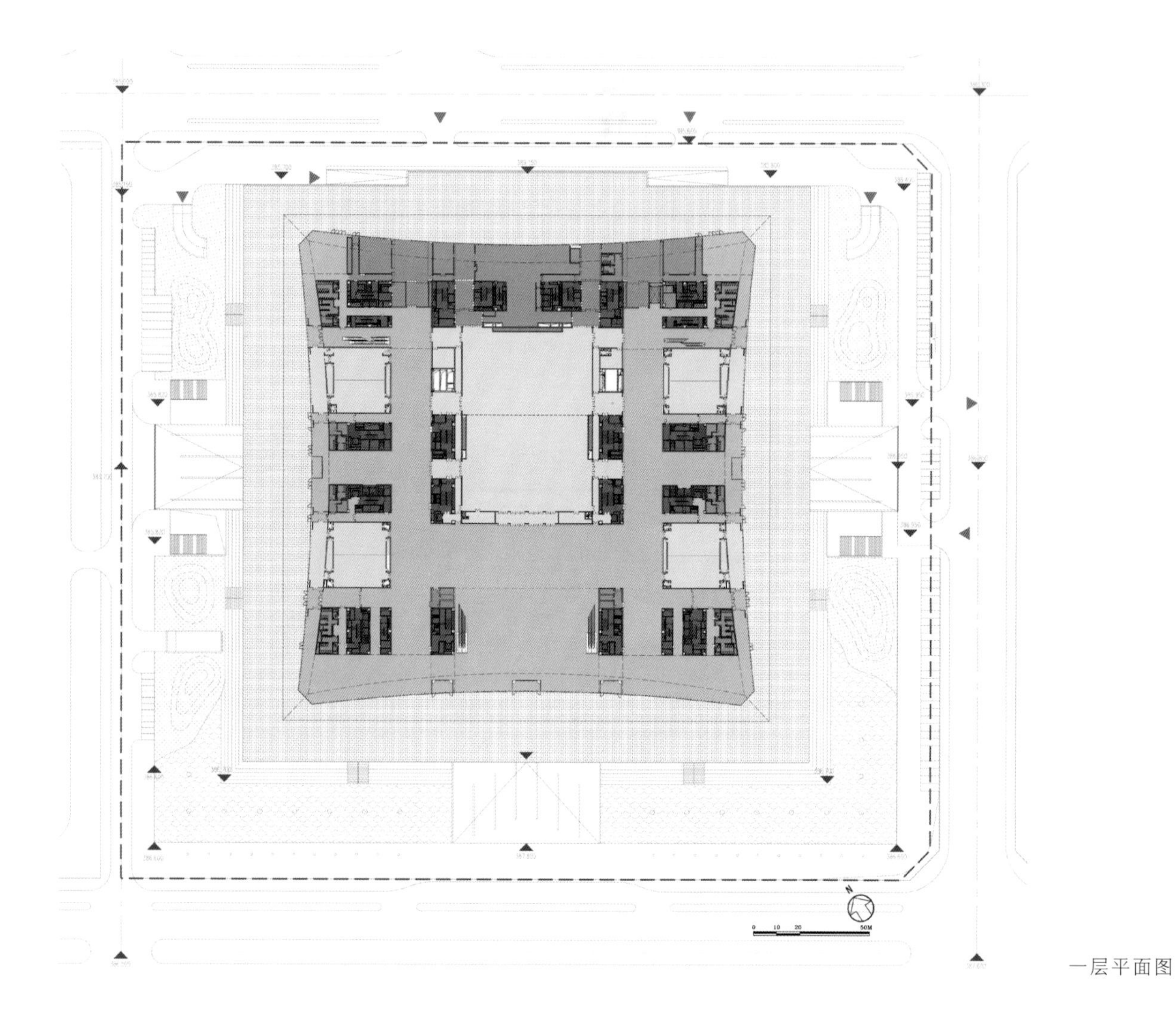

一层平面图

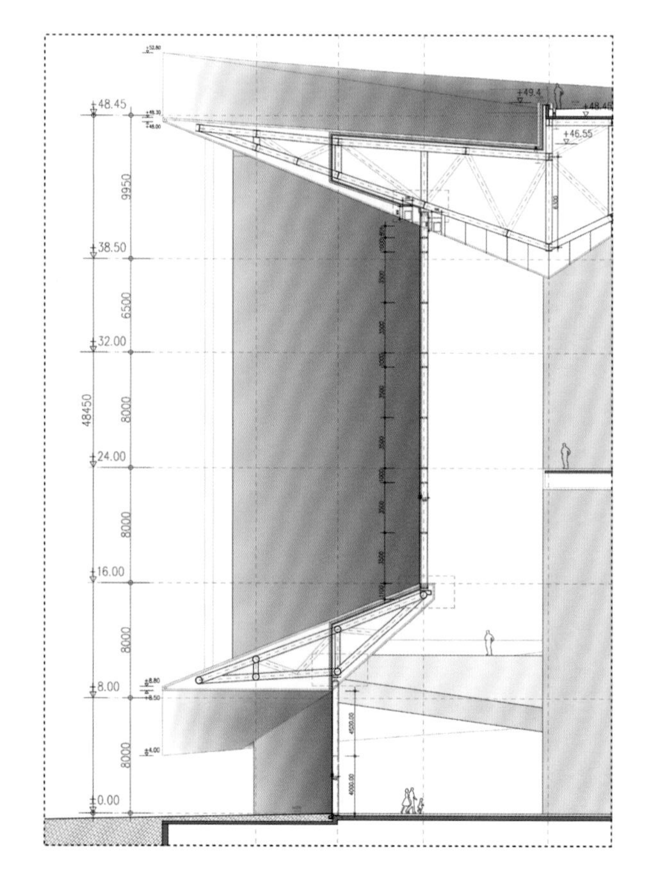

南入口中庭幕墙剖面图

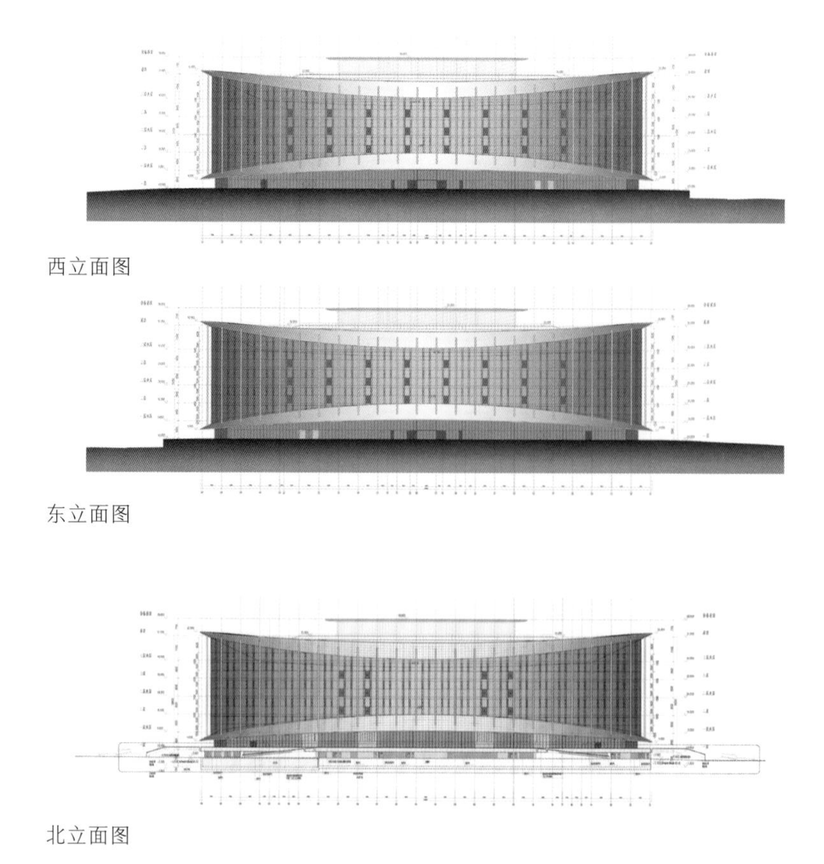

西立面图

东立面图

北立面图

3
4

3. 主立面透视夜间实景
4. 转角透视夜间实景

5
6
7
8
9

5. 侧立面透视晴天实景
6. 转角透视黄昏实景
7. 主立面透视晴天实景
8. 月牙与立柱序列
9. 主立面通透幕墙

10. 纯净转角中庭
11. 广角会议前厅
12. 通高入口中庭
13/14. 大型宴会厅
15. 主会议厅

彭山产业新城市民中心

四川，眉山

设计公司：中国建筑西南设计研究院有限公司
主持建筑师：钱方

建筑师团队：雷冰宇、林有为、谢钦、谢秀丽
结构设计：陈文明、张桢琦
设备设计：银雪、唐杰、徐胜梅（电气）
张鹏程、李泊然（暖通）
文烨、杨红兵（给排水）
罗建成、莫红梅（幕墙）

设计周期：2017—2018 年
建造周期：2018—2019 年
总建筑面积：10,436.70 平方米
工程造价：0.85 亿元
主要建造材料：石材、Low-E 中空玻璃、铝板、彩釉玻璃
获奖情况：中国建筑西南设计研究院有限公司优秀工程设计一等奖
摄影：存在建筑摄影

彭山产业新城市民中心位于眉山市彭山区，包括展览、办公、会议及相关配套设施，建设用地面积约 2 万平方米，规划建筑面积约 1 万平方米。

林盘院落，川西水韵——林盘空间的现代表达：项目场地现状中保留着具有川西林盘特征的空间结构。设计结合市民中心未来展示与办公、公共活动并重的特点，在功能模块之间嵌入庭院空间。充分利用北侧中央公园的滨水界面布置公共空间，将规划展厅、报告厅等大空间消解在一系列的院落系统当中。在建筑的整体布局上呼应了林盘中庭院、水体与建筑的和谐关系。

大气秩序，画卷漫游——城市界面和自然界面的竞合：市民中心作为产业新城未来的展示平台，在主要界面上需要呈现一种更加完整的形象。办公与接待等功能更适合相对舒展的形态。设计中将南侧完整的形象界面与北侧公园界面中步行尺度下的界面进行了融合，在不同的界面上分别体现大气秩序的城市形象和散点透视的漫游体验。

生态通风，舒适宜人——结合川西民居通风模式的空间设计：在庭院空间中，设计借鉴了传统民居利用庭院内的水体植被降温、过滤空气来促进室内通风的原理。利用建筑架空层和丰富的空间渗透关系，实现建筑内部优质的自然通风，降低建筑能耗，提高使用舒适度。

白墙黛瓦，低檐缓廊——传统细部元素的新演绎：在建筑的细部设计上，对传统建筑中的墙、瓦、檐、廊等元素进行了抽象和重新演绎。用石材、金属等现代材料，采用合理的细部设计，重新塑造适应建筑性格的空间体验。

全面整合，品质提升——泛光照明设计：通过适宜的室内外照度色温匹配，塑造了一系列具有特点的建筑空间；内装、景观设计由建筑师引导进行深化，实现了较高的整合度；结合建筑本身的功能特点，在结构设备方面分别做出了具有针对性的设计，系统地提升了建筑的整体品质。

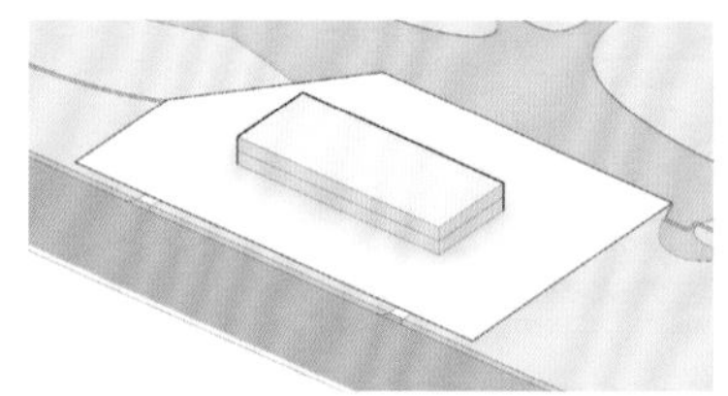
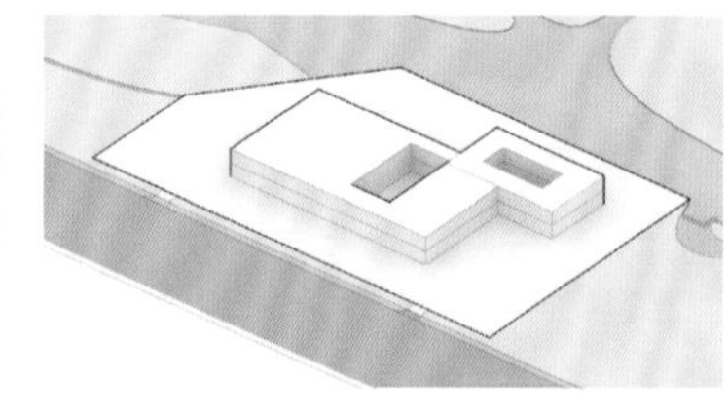
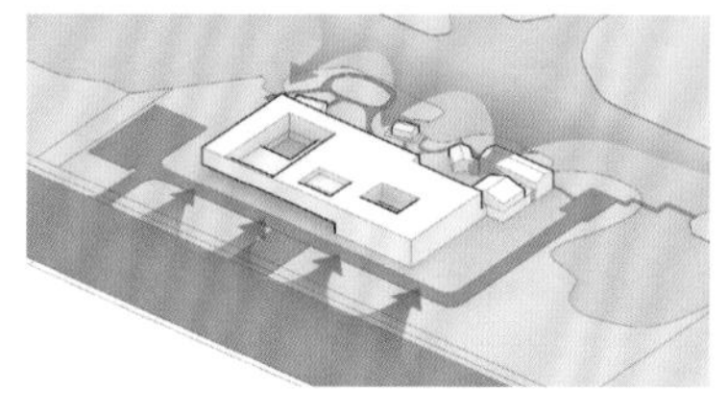
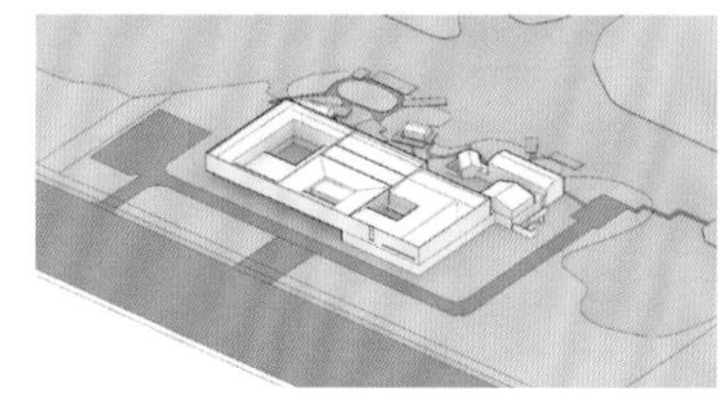

场地分析

1
2

1. 南侧半鸟瞰，面向城市公共界面的秩序感
2. 北侧临湖透视，对湖面展开的体量尽量降低尺度，温柔地对新城展开

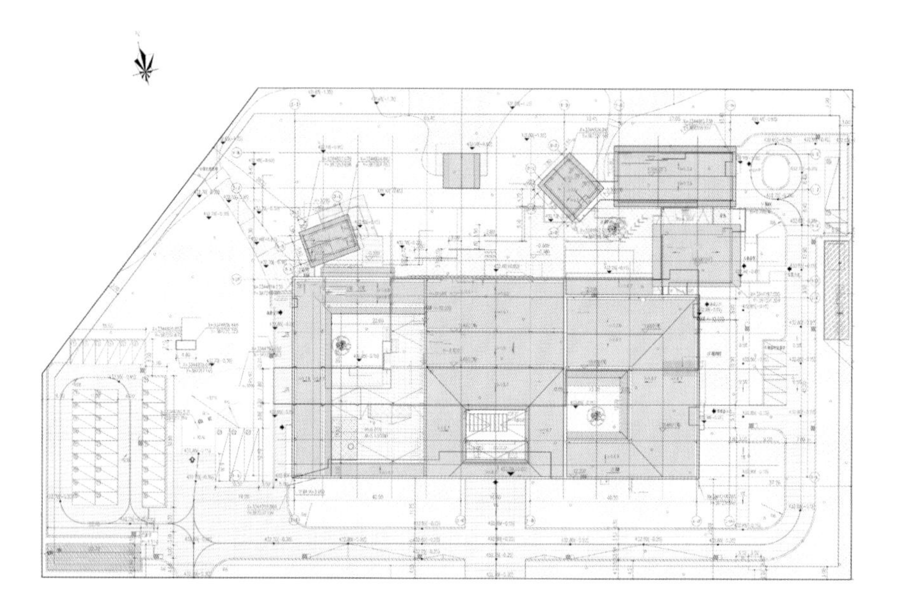

总平面图

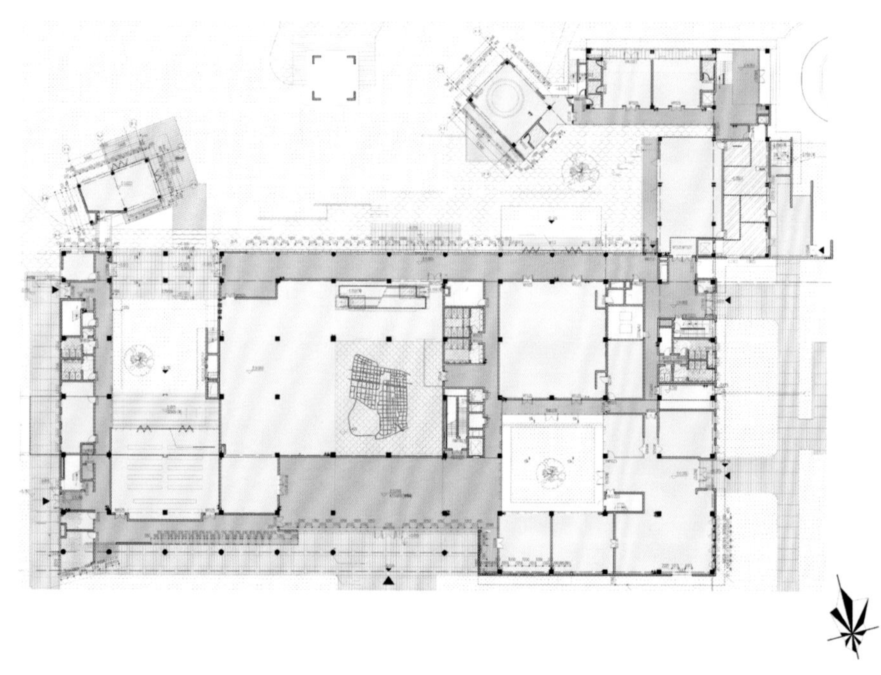

一层平面图

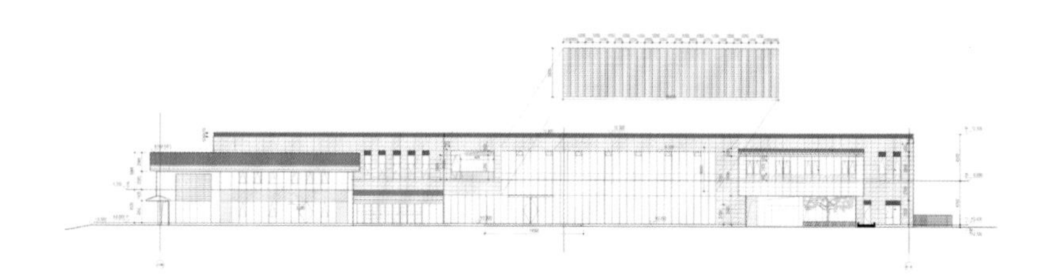

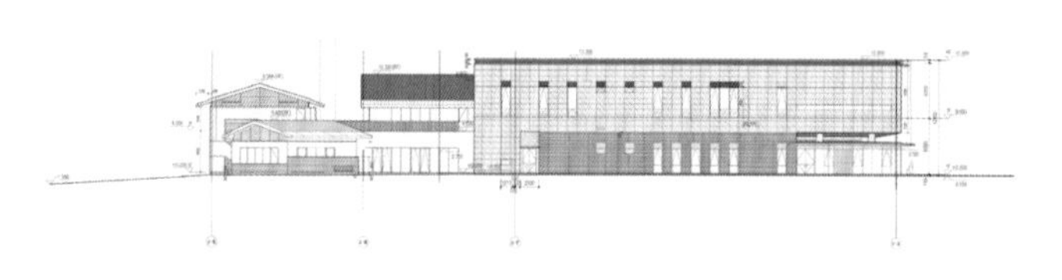

立面图

3
4

3. 南侧入口前区，快速路近旁完整的展示界面夜景局部
4. 北侧夜景，材质效果在夜间照明开启后转化为更为柔软的质感

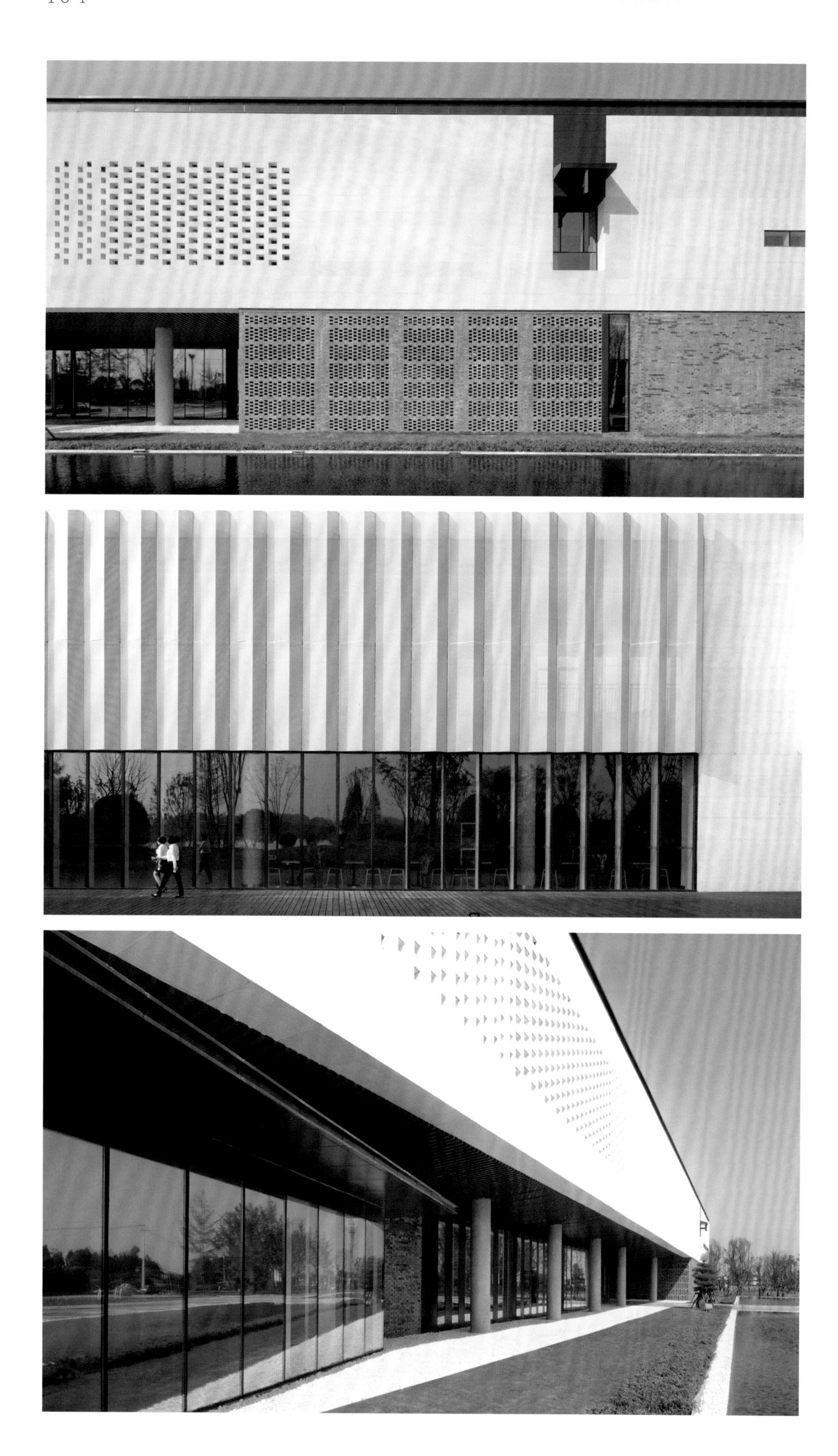

5
6
7
8
9 10

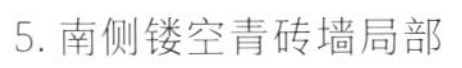

5. 南侧镂空青砖墙局部
6. 北侧穿孔铝板幕墙局部
7. 南侧入口架空局部
8. 办公和交通空间面向庭院
9. 路演厅内庭院夜景
10. 屋顶平台

四川大剧院

四川，成都

设计公司：中国建筑西南设计研究院有限公司
主持建筑师：郑勇、孙浩

建筑师团队：刘作卓、周世鹏、李建明、熊雪、耿创、李成龙、巫翔
结构设计：刘宜丰、谢明典、邢银行、车雨轲
设备设计：熊小军、郭平（暖通）
顾燕燕、蒋海波、冉翊（给排水）
刘卫、邓洪、丁新东、曾钢（电气）

设计周期：2011—2019年
建造周期：2016—2019年
总建筑面积：5.9万平方米
工程造价：8.7亿元
主要建造材料：石材、Low-E中空玻璃、GRC、铝板、彩釉玻璃
获奖情况：深圳建筑设计奖金奖
工程建设项目绿色建造奖二等奖
摄影：存在建筑摄影、404NF STUDIO

原锦城艺术宫建于1987年，落成之后成为全国较好的剧场之一，是四川和成都的文化地标。随着时代的发展，锦城艺术宫的建筑空间已无法满足现代艺术演出、展示等多种需求，汶川大地震给主体结构造成损伤。省政府决定在北侧地块上重建剧场，并更名为四川大剧院。

紧张地块上的集约型剧院

项目新用地面积仅为11,198.27平方米，作为四川大剧院的用地是极其狭小的，平面仅能勉强布置下剧场观众厅和舞台。四川大剧院采用集约式设计手法，竖向叠加将各功能板块有机组合在一起。由于用地紧张，设计将底层1000平方米的面积架空，形成7米净高的架空空间向城市开放。1601座的大剧场设置在二层，450座的小剧场重叠设置在大剧场观众厅上方，这在国内尚属首例。负一层设置了900座的电影院，文化展示、艺术教育、艺术交流等多元化体验空间灵活设置于一层及夹层空间。市民到这来，除了能在剧院观看演出，还能看电影，参加艺术展览、发布会、文化艺术培训，在喝茶聊天的同时还能感受艺术的气息，让四川大剧院承载更多元的文化生活场景！大剧场架空，观众厅的静压箱底部暴露在开放空间中，给结构带来挑战，形成大跨度、错层、转换、钢—混凝土混合结构等多重复杂的特点，池座两侧承重斜梁跨度达31.5米，屋顶采用空间斜向单层钢网壳，其悬挑长度达17.4米。叠加在大剧场上空的小剧场采取浮筑楼板、墙面和弹性吊顶等方法合理地解决相互声音振动干扰的问题。马歇尔戴声学股份有限公司（以下简称MDA）提供室内声学咨询，隔声和噪声振动控制由清华大学负责。设计空气声隔声量Rw+Ctr>70分贝，已超出实验室能检测的隔声构造的极限值。声学检测结果表明大小剧场的背景噪声指标达到了NR25。经检测，剧场声响度及清晰度极佳，音乐表演中能听到的声音细节音质饱满，具备声学上的温暖度。

文化的传承

四川大剧院的前身是锦城艺术宫，天府广场是成都城市建设的历史中心和空间坐标，曾经的“故宫”蜀王府已经消失在历史的车轮中。设计将传统文化元素在当代演绎与传承，回应天府广场的历史建筑与记忆。缓坡屋顶在限高前提下巧妙地解决了对地块后住宅的日照影响。建筑立面的核心要素是用印篆体书写的“四川大剧院”，现代材料的应用彰显剧院建筑特有的文化内涵。江碧波老师为原锦城艺术宫创作的以“华夏蹈迹”为主题的金丝壁画，保留在室内观众主流线的重要空间节点处，让每位观众都能感受到锦城艺术宫珍贵

1 / 2

1. 鸟瞰
2. 鸟瞰夜景

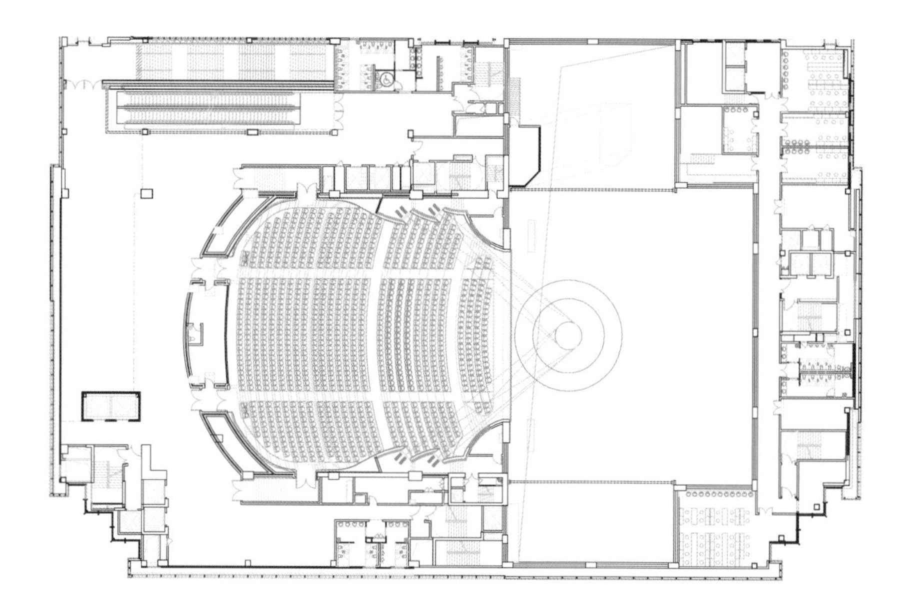

观众厅层平面图

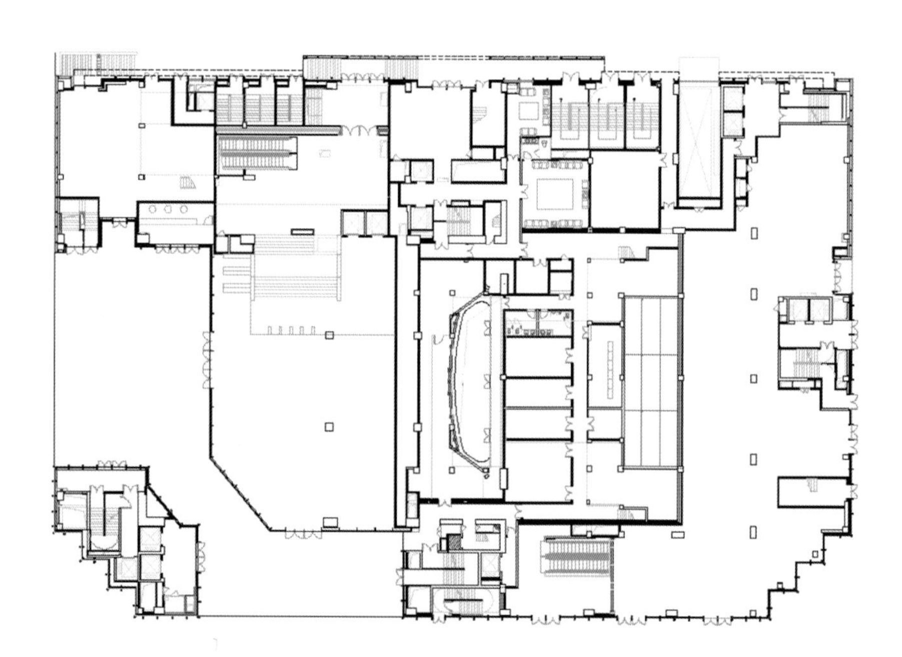

一层平面图

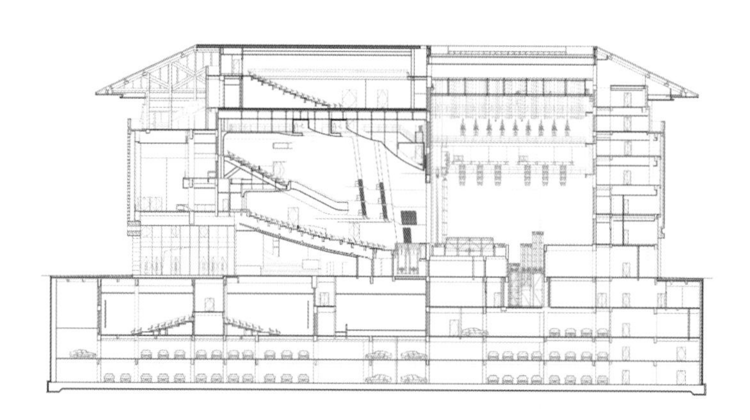

剖面图

的时代记忆！城市的更新和变迁，在满足当下社会与文化需求的同时，传承城市和文化的历史记忆。

再造城市重要节点空间秩序

天府广场是成都 2000 多年建城史的唯一中心，是重要的城市节点空间。出于历史原因，天府广场四周的建筑风格和色彩较为多元化和混乱，还没有形成清晰的空间秩序，空间特色不够鲜明。四川大剧院没有采用“独特”的造型彰显个性，而是与已建成的科技馆和图书馆建立起统一完整的城市界面。四川大剧院高度与图书馆保持一致，控制在 38 米，建筑风格和建筑材料整体协调，突出了科技馆和毛主席像的城市中心地位。这个高度对于用地受限制、大小剧场重叠的四川大剧院来说是巨大的挑战。在保障剧场功能空间的前提下，还为城市创造出大面积的架空城市开放空间，解决人员集散问题并营造从闹市到剧院的隔离和过渡空间。四川大剧院在再造城市空间秩序的同时，也呈现出自己的特点和对建筑空间的创新，为剧院设计和城市更新提供了有益的阐释和探索。

完善的大剧场观众厅设计

1601 座的大剧场观众厅采用一层池座、一层楼座的设计，突破现有同等规模剧场的设计，在保证视距的前提下，采用中排距、大宽厅、扩开口的方式提高平面座位的布置效率，楼座最后一排视线仅 24.5 度，避免二层楼座较为陡峭，在兼顾视线的同时，让观看舒适度达到最佳，同时也巧妙降低了空间高度。

细致周到的运营设计

四川大剧院投资巨大，平时的运营维护成本较高，国内大部分剧院都入不敷出。融入城市中心区的城市功能和城市生活，将多元复合的业态融合到项目中，是设计采取的策略。 四川大剧院为限额设计，总建筑面积 5.9 万平方米，建安投资 5.4 亿元，在充分满足功能使用及达到良好效果的同时，经济性显著。四川大剧院，成为城市中心区旧城更新条件下，集约型剧院建设的经典案例。

3. 透视
4. 西广场透视
5. 南侧透视

6 | 7 / 8

6. 小剧场室内透视
7. 大剧场观众厅
8. 大剧场观众厅演出实景

屺园—延庆园艺小镇文创中心

中国，北京

设计公司：中国建筑设计研究院有限公司李兴钢工作室
主持建筑师：李兴钢

建筑师团队：谭泽阳、姜汶林、袁智敏
结构设计：刘文珽、杨松霖
机电设计：申静、郝洁、祝秀娟、王旭
照明顾问：张昕照明设计工作室

设计周期：2017年6月—2018年10月
建造周期：2018年10月—2019年4月
总建筑面积：2310平方米
工程造价：1110万元
主要建造材料：清水混凝土、胶合木
摄影：张广源、李兴钢、李维纳、姜汶林

屺园——延庆园艺小镇文创中心设计始于2017年6月，2019年4月竣工投入使用，位于北京世园会园艺小镇用地西南，场地东北依托传统风貌的特色小镇和花田，南侧与现代化的植物馆遥望，具有为世园会园艺小镇服务的文创服务和特色产业体验功能，构建了一处既“开放”又“封闭”的公共空间。

建筑化整为零，由4个单坡屋顶两两组合形成的L形体量围合而成。一条内巷将两个体量区隔开来，半高的基座又将彼此连缀。内巷在西北、东南对角方向设置公共漫游出入口，成为园区公共游览系统的一部分，游客经由内巷上达平台，攀至屋顶，赏望远景。使用空间在西南、东北和东南角分设出入口，互不相扰。西南体量为以展厅、讲堂和图书吧为主的文创服务空间，东北体量以制作工坊、纪念品商店等特色产业体验空间为主，基座下设置管理办公用房和艺术家工作室，与服务区和产业区便捷相连。各组团可分可合，会时各安其位，统一管理；会后亦可合而为一，共同运营。

在开放性之余，建筑师又希望能实现某种内在叙事，从而跟周边环境中那些非自然的布景式建筑或景观保持适当距离。将建筑进行两分，“筑房拟山”，完成一种特定的景观体验——单坡屋面赋予建筑以强烈的方向性和识别性，同时也完成了象征自然物的“山”与象征人工物的“房”之间的连接和互成：“房”以“山”为对景，位于东北侧；“山”与“房”的基座相连，位于西南侧。相似的坡顶形式，在室内分化成两类不同特征的空间：西南体量趴伏，空间呈现出洞穴般的模糊性；东北侧间架清晰，暗合了传统建筑的空间特征；半高的平台将“山”与“房”既隔且连，使西南坡顶成为东北侧“房”内特殊的人造“山”景，谓之以“房”现“山”。“山”、“房”、檐廊、阁楼、亭台共同构成一个立体的观游系统，故名屺园。

“山”的部分采用全现浇清水混凝土墙体承托斜屋面，强化“山穴”的空间特征；“房”的部分采用钢筋混凝土框架与木屋架复合的结构体系，象征传统的木作屋架。“房”中的木屋架采用正交木桁架，等截面的木杆件通过预制的多向钢构件连接，形成既现代高效，又与传统榫卯木作有所关联的复合式节点。

1
2

1. 南侧鸟瞰
2. 东北侧鸟瞰

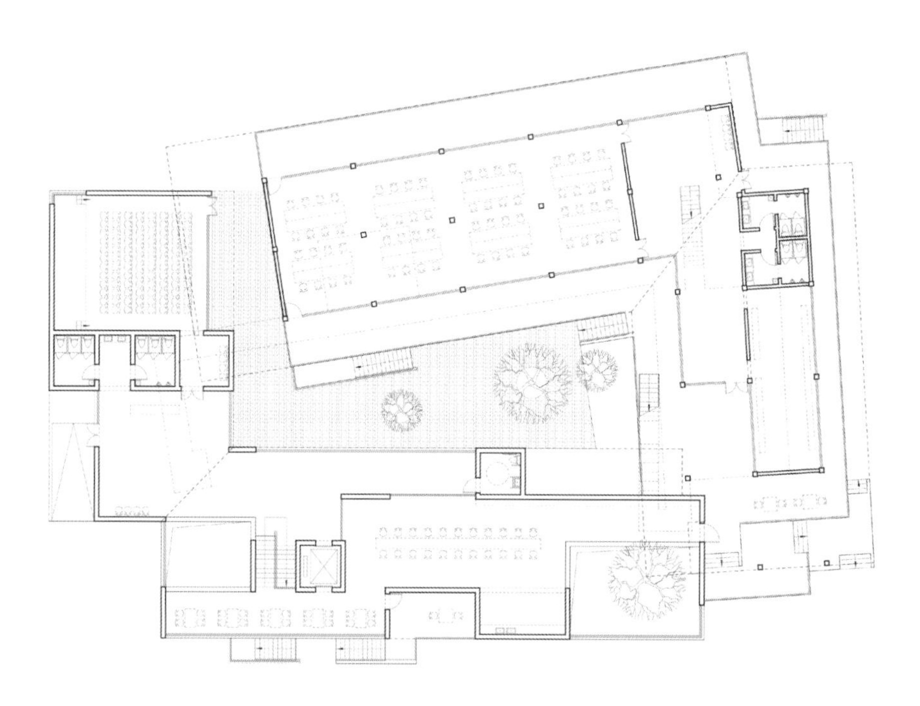

一层平面图

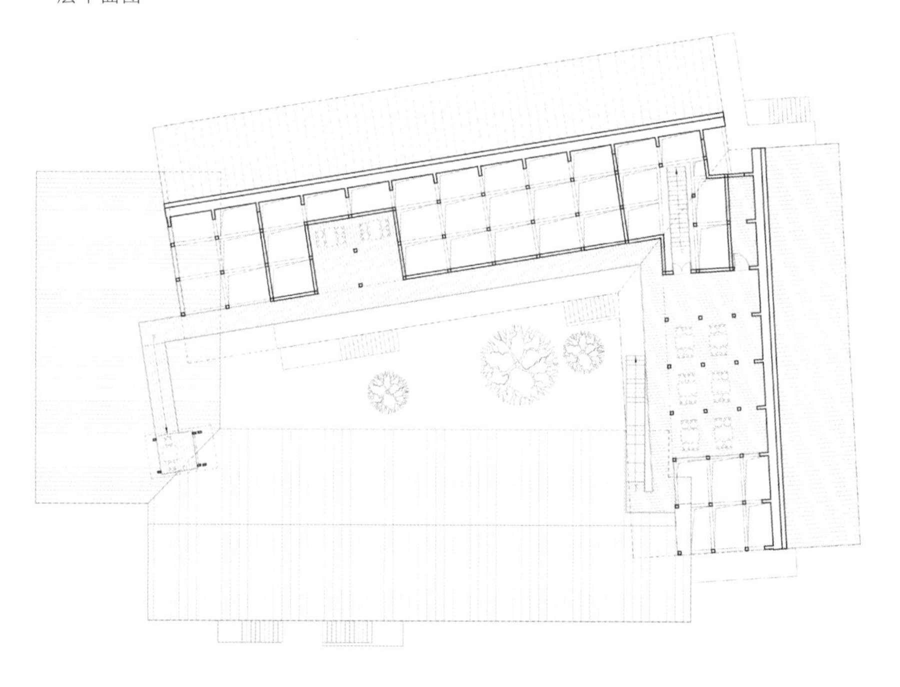

二层平面图

模型照片

3

3. 北侧人视图

4 | 5 | 6 | 7

4.“房”与“山”
5.木屋架夹层西望
6.二层挑廊西望
7.从图书吧望向展厅

井冈山大仓村乡村公共空间再生

江西，吉安

设计公司：东南大学建筑学院
主持建筑师：张彤

建筑师团队：李竹、姚远、徐涵、马雨萌、隋明明、陈斯予、段一行
结构设计：淳庆、华一唯

设计周期：2016 年 7 月—2017 年 10 月
建造周期：2017 年 4 月—2018 年 4 月
总建筑面积：4716 平方米
工程造价：758 万元
主要建造材料：原木、胶合木、清水砖、红黏土
获奖情况：2019 年加拿大不列颠哥伦比亚省木构设计竞赛国际木构作品（Wood Design Awards in BC，International Wood Design Category）提名奖（井冈山大仓讲习所）
第十二届江苏省土木建筑学会建筑创作一等奖（井冈山大仓讲习所）
第十三届江苏省土木建筑学会建筑创作一等奖（井冈山大仓风荷桥）
2020 年亚洲建筑师协会综合建筑类（E-Integraded Buildings）金奖
摄影：陈颢

大仓村曾经是湘赣边界井冈山地区一个偏僻落后的客家山村，1927 年在此发生的“大仓会见”对 20 世纪的中国历史产生了不可忽视的影响。在 90 年后村庄却面临着凋敝的窘境，年轻人口外流，历史建筑空置损毁，被遗忘的山村亟待振兴。

2016 年 7 月东南大学建筑学院接受井冈山市政府委托，承担大仓村乡村振兴的规划设计工作。设计依循两条平行线索：一是梳理湘赣边区乡土建构体系，传承地区技艺工法，为新时期乡村建设提供具有地域认同的语汇；二是挖掘村庄历史文脉，以历史叙事编译村庄公共空间体系，复兴公共生活，再塑社区精神。

乡土建构的技艺传承

项目调研了湘赣边区 11 个乡镇 20 余处典型建筑，梳理适应地区资源、气候、地形、生活方式和文化特征的空间形制和建造工艺，并寻求应用转化与性能提升。廊桥、讲习所、吊柱楼沿用适应气候特征的构造“光檐”与“天门”，交错叠置的屋面营造了风光流通、生气充盈的空间环境。客家围屋顺应地形的“吊柱廊”在林宅民宿中得以重现。干打垒夯土墙、实砌黏土砖墙、三合土地面等特征做法通过性能改良应用于祠堂、讲习所和吊柱楼的建造中。

1. 廊桥和大仓村鸟瞰

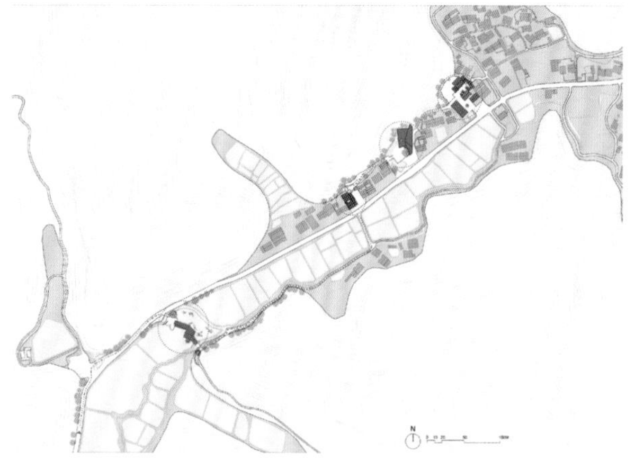
大仓村总平面图

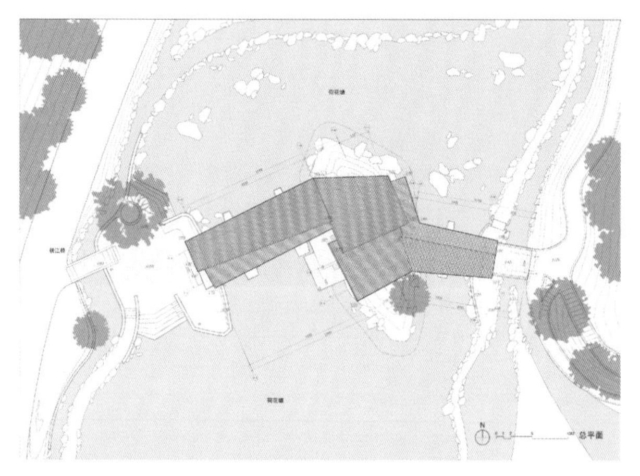
总平面图

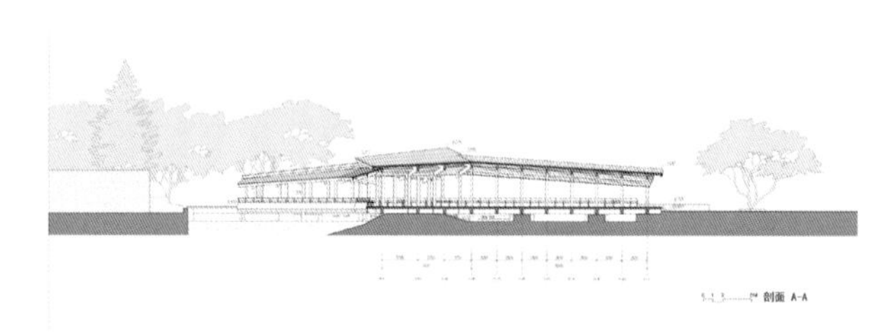
剖面图

历史叙事的空间编译

大仓村乡村公共空间再生以“大仓会见”历史叙事为空间结构系统展开。对林氏积庆堂、横江古桥、林宅围屋等历史遗存进行修缮和部分复原并作为历史见证，恢复其作为乡村公共设施的职能。在叙事路径主要节点新建廊桥和讲习所，创建乡村新生活，完善村庄公共空间系统。

村口的风荷桥连通横江古桥，恢复旧时进村乡道，揭开“大仓会见”历史叙事路径。廊桥屋顶延续“光檐”做法，以现代胶合木构成自由舒展的形态。转折线性空间编译荷塘景观，供人休憩赏景，催生乡村公共生活。

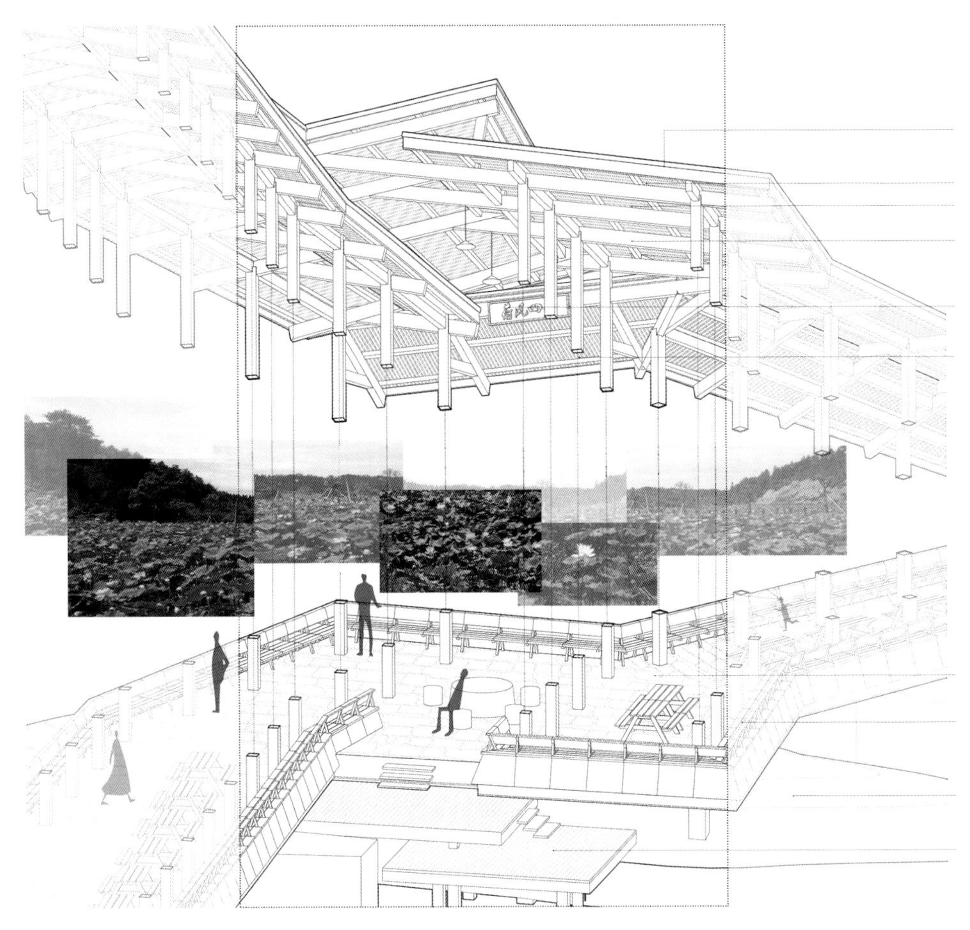

廊桥空间轴测分析

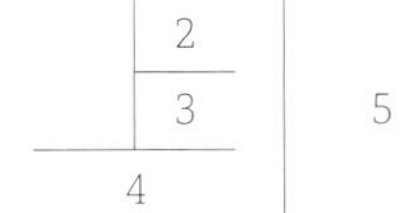

2. 廊桥内景
3. 廊桥远眺
4. 廊桥西立面
5. 廊桥中部大空间

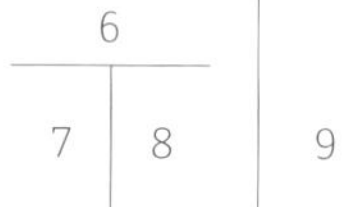

6. 讲习所主入口与室外讲坛
7. 讲堂内景
8. 讲习所——荷花乡中心小学的一堂课
9. 室内讲堂

讲习所位于林氏积庆堂和林宅围屋之间历史叙事路径中段。建造沿用客家人造屋最熟悉的两种材料——土和木。土造筑墙，木作构顶。土造意图唤醒客家传统干打垒夯土墙技艺，由当地村民完成。木构采用现代胶合木集成材，工厂预制现场组装。两套体系互相独立又组合交融，在山形地势间搭建起形态丰富的半开敞空间，内外风光流动。讲习所是讲述大仓故事的生动讲堂，也是山村日常议事的会场。

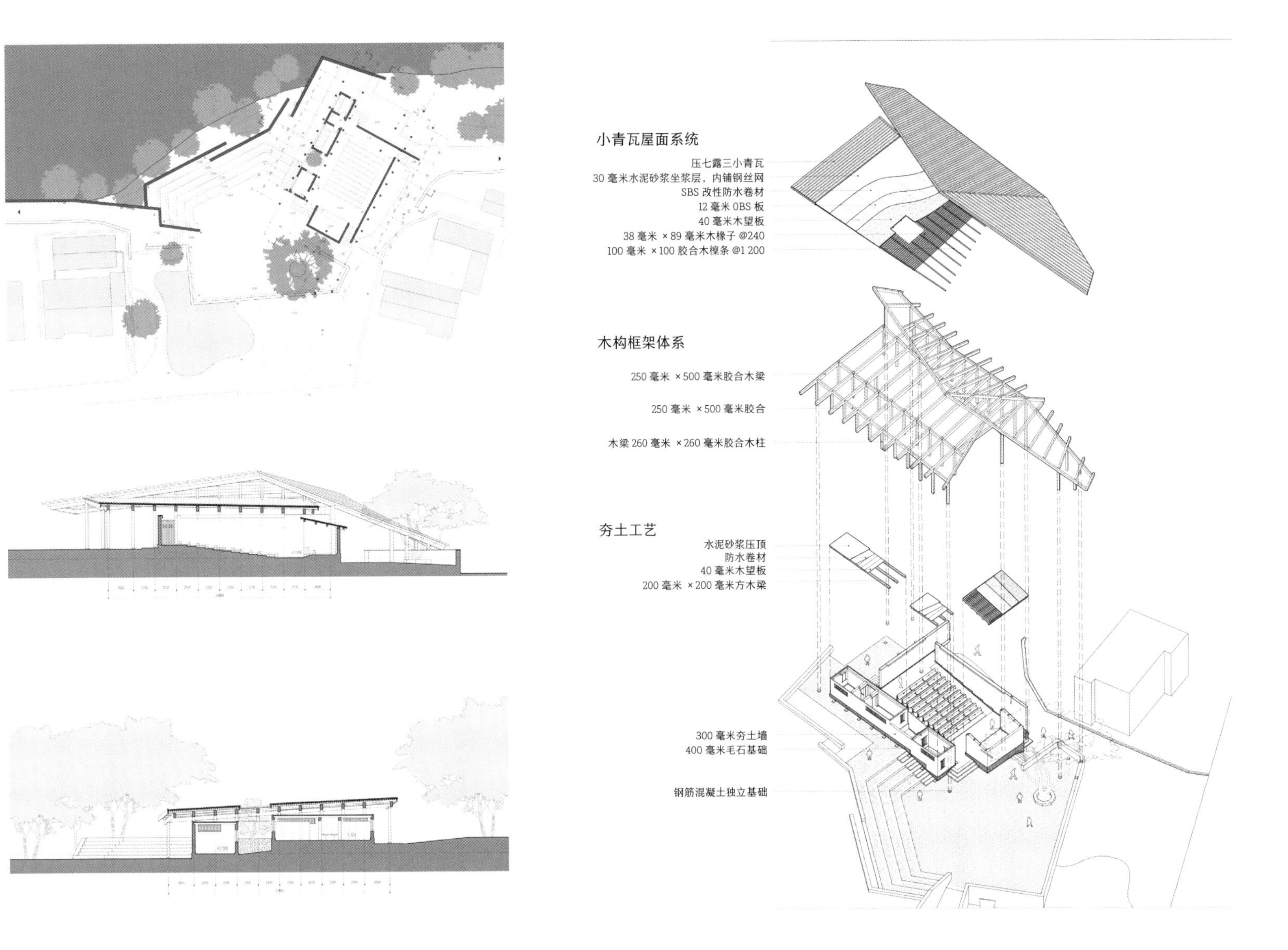
小青瓦屋面系统
压七露三小青瓦
30 毫米水泥砂浆坐浆层，内铺钢丝网
SBS 改性防水卷材
12 毫米 OBS 板
40 毫米木望板
38 毫米 ×89 毫米木椽子 @240
100 毫米 ×100 胶合木檩条 @1 200
木构框架体系
250 毫米 ×500 毫米胶合木梁
250 毫米 ×500 毫米胶合
木梁 260 毫米 ×260 毫米胶合木柱
夯土工艺
水泥砂浆压顶
防水卷材
40 毫米木望板
200 毫米 ×200 毫米方木梁
300 毫米夯土墙
400 毫米毛石基础
钢筋混凝土独立基础

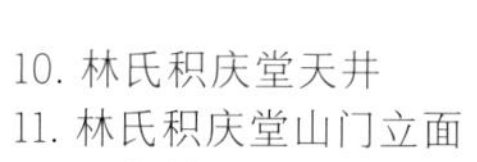

10. 林氏积庆堂天井
11. 林氏积庆堂山门立面
12. 吊柱楼
13. 林氏老宅“光檐”构造模型
14. 吊柱楼墙身模型

林氏积庆堂为林氏家族宗祠，是当年“大仓会见”的主要场所。祠堂木构歪斜，墙体坍塌，屋面残损。修缮采用当地材料与传统工法，包括木柱嵌补墩接，“两眠一斗”清水实砌砖墙，藻井、戏台、墙面墨绘复原等。在瓦屋面防水、三合土地坪和墙基防潮等方面对传统工法进行改良。修缮后的祠堂作为“大仓会见”主要纪念场所对外开放，并恢复家族祭祀庆典的功能。

吊柱楼是“大仓会见”的叙事终点，曾是村内最大规模的客家围屋。新建吊柱楼是对林宅的部分复原，用于民宿。设计将传统木构吊柱廊与钢筋混凝土结构结合，提升力学性能的同时传承复杂山地连接空间的客家造屋智慧；承袭“光檐”和“天门”做法，为室内引入光和风。吊柱楼成为大仓村舍范本，触发村民自主改造，带动村庄自主更新。

泸州市市民中心

四川，泸州

设计公司：东南大学建筑设计研究院有限公司
主持建筑师：韩冬青

建筑师团队：谭亮、都成
结构设计：张翀
设备设计：赵晋伟、李鑫、叶飞、张磊
景观设计：丁广明、张曼、周宇坤
室内设计：耿涛、宋大军

设计周期：2013—2014 年
建成时间：2019 年
总建筑面积：37,006 平方米
工程造价：1.6 亿元
主要建造材料：彩色穿孔铝合金格栅、槽面陶板、Low-E 中空玻璃、高弹外墙涂料
摄影：侯博文

泸州市地处中国四川省东南部，长江与沱江的交汇处。独特的地理位置、悠久的历史和源远流长的酒文化使泸州市集山城、江城、酒城及历史文化名城于一身。新建的市民中心位于泸州市重要干道——酒城大道西侧，距离沱江转弯口 700 余米。项目包含职工活动中心、文化艺术中心、青少年活动中心和妇女儿童活动中心。作为当地重要的文化地标建筑，泸州市市民中心既是群众文化活动的重要场所，也是向外展示泸州城市文化的窗口。

设计的基本态度是把建筑与山体视为一个统一体中的有机要素，使两者彼此互为依存，通过空间和动线的整体组织，在亦老亦新的地景塑造中使市民得到连续一体的文化场所体验。山体的自然体态经由台地和建筑的人工拟合，以不同高程的公共广场、运动场地、绿化缓坡、休闲步道等场所形式与周边城市道路衔接过渡，以自然和人工彼此穿插过渡的柔软方式小心“缝补”场地周边的街区轮廓界面。在街区的内部，空间形体与自然山体的相互嵌套，创造出不同层次类型的室外公共活动场地，使复杂的地形约束转化为充满活力的环境资源。

市民中心包含了隶属不同职能管理部门的 4 个功能组群，通过对其开放性和共享度的类型梳理，使公众开放度高的空间相对集聚，而面向特定人群的使用空间则相对独立，并形成与地形条件密切关联的空间分合秩序，实现了功能空间与地形的整合。

建筑整体形态与山地景观彼此呼应，北部主入口区的敞厅取“洞”的形态，有“文化的洞藏”之意。室内共享公共大厅亦从制酒工艺中的“窖池”和“洞藏”得到启迪。演艺厅采用圆形收分的桶状，隐喻“洞藏”的佳酿。建筑外墙穿孔幕墙的色彩组合取意泸州窖泥的“五色土”，利用彩色穿孔铝合金格栅统一整个建筑形体，其斑斓的色彩寓意数百年“窖泥”沉淀出的五彩光芒和泸州青山绿水的自然风貌，在视觉上体现了泸州甘醇浓烈的文化气质，形成了与泸州人豪放性格相得益彰的地域景观特色。

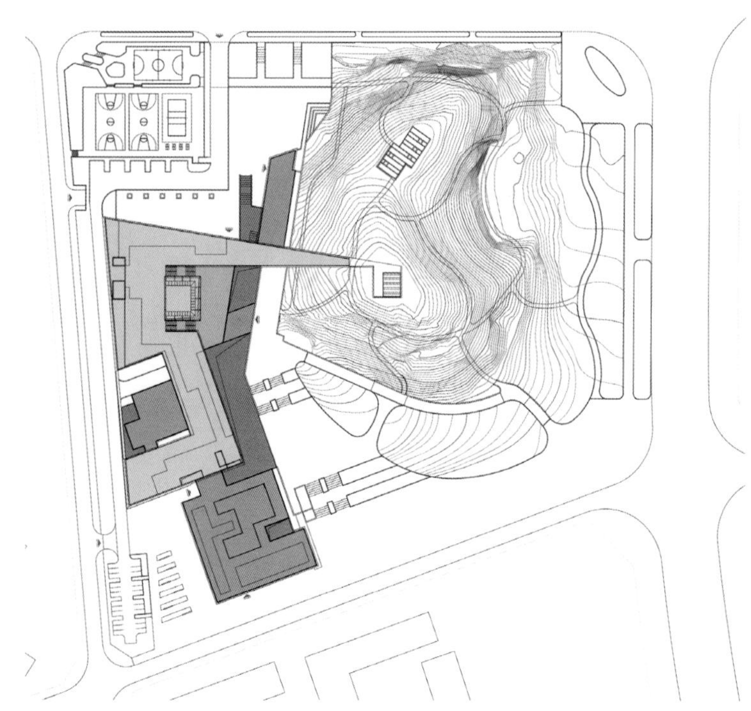

总平面图

1
2

1. 西南侧鸟瞰
2. 北部广场及主入口区

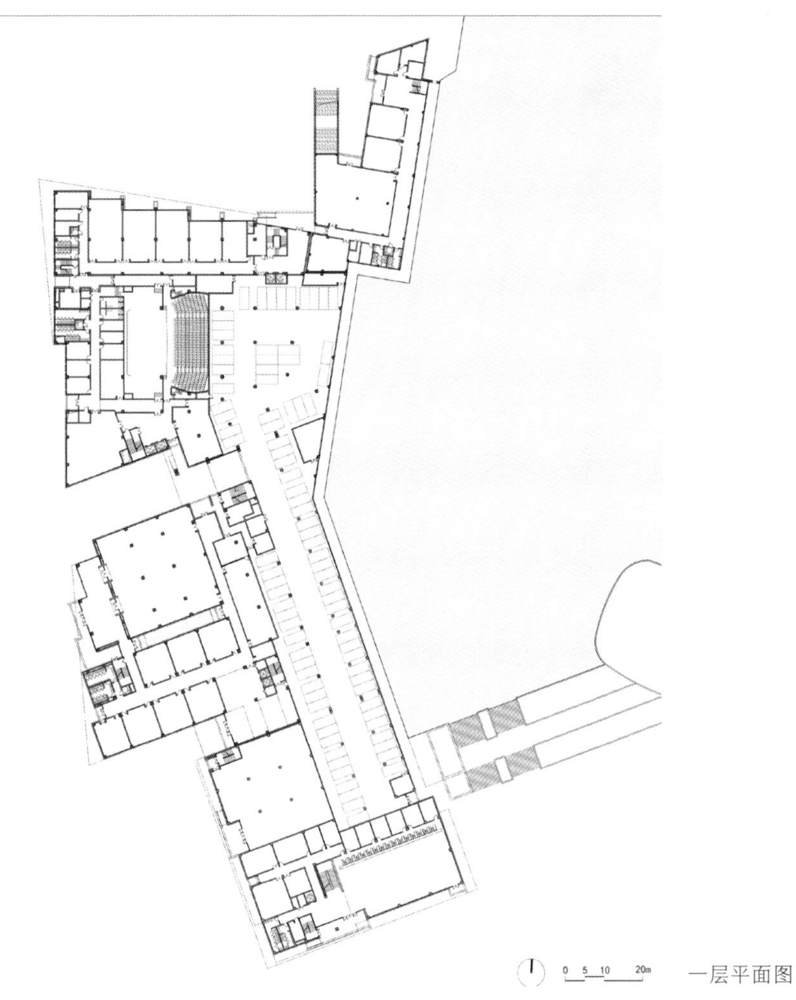

一层平面图

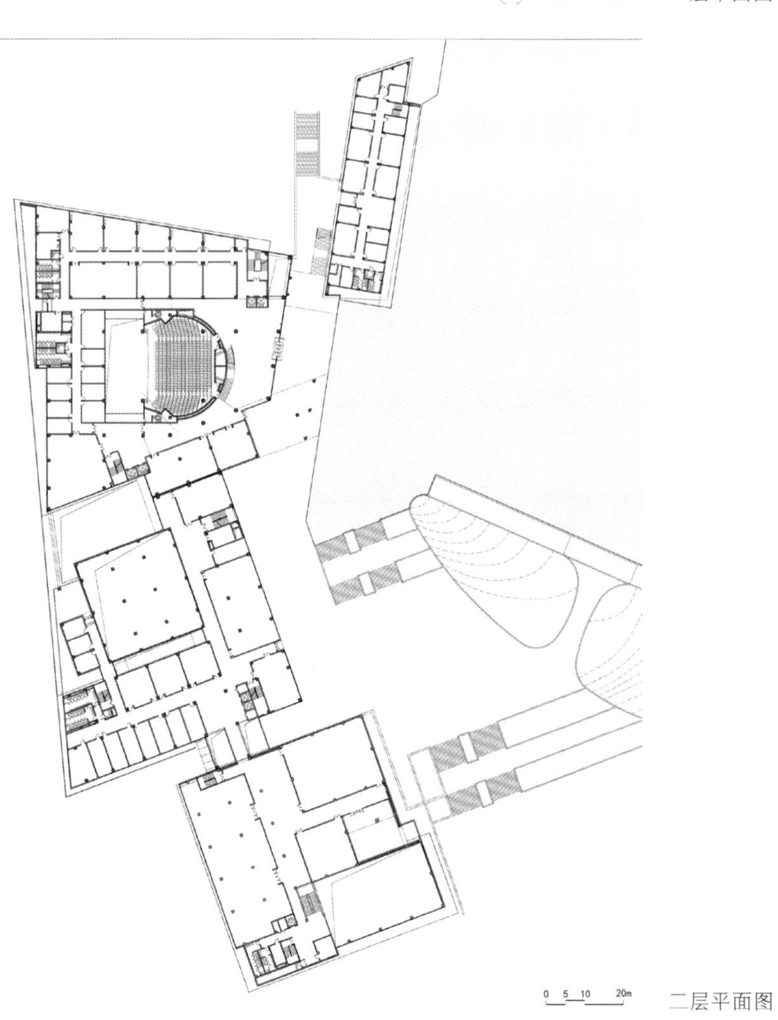

二层平面图

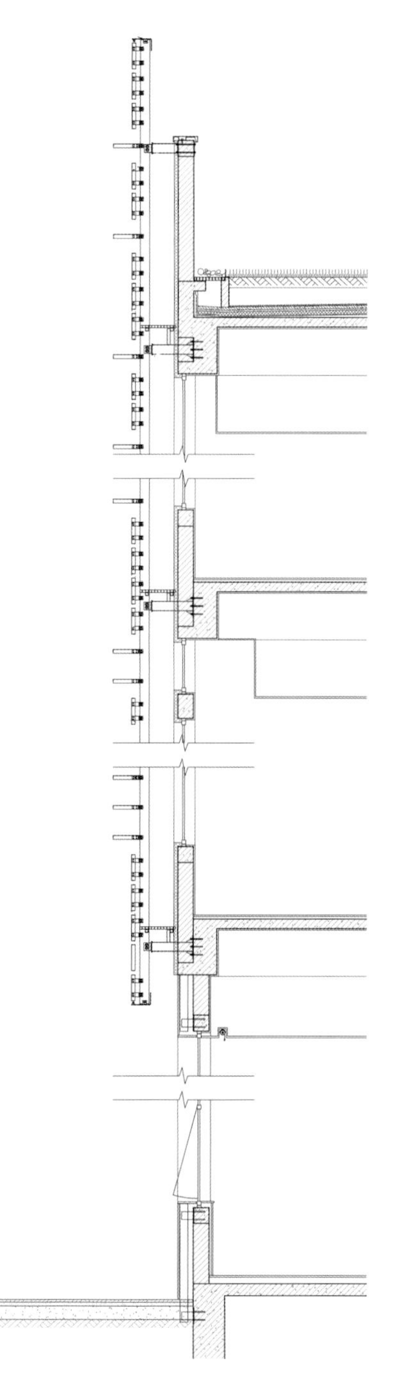
墙身详图

3. 室外下沉庭院
4. 职工活动中心出入口
5. 共享公共大厅出入口及演艺厅出入口
6. 跨越妇女儿童活动中心的空中连廊

7 / 8 | 9

7. 演艺厅中的共享公共大厅
8. 共享公共大厅内景
9. 从共享公共大厅通往职工活动中心的通廊

承德博物馆

河北，承德

设计公司：天津华汇工程建筑设计有限公司
主持建筑师：周恺

建筑师团队：王建平、唐敏、黄彧晖、高洪波
结构设计：毛文俊
景观设计：黄文亮
室内设计：沈薇

设计周期：2014—2018年
建成时间：2019年
总建筑面积：25,163平方米
主要建造材料："承德绿"石材、清水混凝土
摄影：魏刚

承德最为著名的是已被列为世界文化遗产的清朝皇家行宫"避暑山庄"和寺庙群"外八庙"，它们赋予了这个城市一个特殊且宏大的历史场景。在这样的背景下设计博物馆，最先明确的方向就是尊重历史与自然，以一种谦逊的态度将建筑融入环境之中。

基地处于古建筑和风景名胜的"环抱"之中，属于三级文物保护区，受国家文物局、河北省文物局等单位的制约，建设条件非常严苛，其中对建筑影响最大的因素是限高7米。

首先，对建设场所进行调整与组织。将基地整体下挖约6米，使下沉庭院如同新的"地面"。建筑由此向上布置两层，使出地面的部分控制在7米以内，仿佛"藏"在环境中一样。建筑结合庭院分散布局，形成良好的采光及通风效果，消除了常规地下建筑的封闭感。下沉庭院边缘，结合当地古建中常见的台基形式，做了层层跌落的台地。

其次，结合"藏起来"的体量及周边独特的景观，将屋顶设计成城市的观景平台。建筑的功能被放大，既能够融入环境，又能够反过来表现环境；既可以向内、向下参观特定的展品，又可以向上、向外欣赏鲜活的"世界文化遗产"。博物馆实现了全方位的"博物"，这也是它与其他博物馆建筑的最大不同。

再次，建筑中心是一个马蹄形的室外庭院，并点缀了两棵代表山庄特色的油松，营造出一种静谧的氛围。以"小中见大，咫尺山林"的姿态展示承德的历史文脉与意境。庭院整体延续了避暑山庄的园林意境，为游客和工作人员提供了舒适的驻足空间和行走体验。

最后，抽取"外八庙"藏式建筑中经典的梯形窗元素，形成新的设计语言，除了在所有砌筑墙面上使用倾斜的混凝土线条外，还在部分墙上直接运用了梯形。

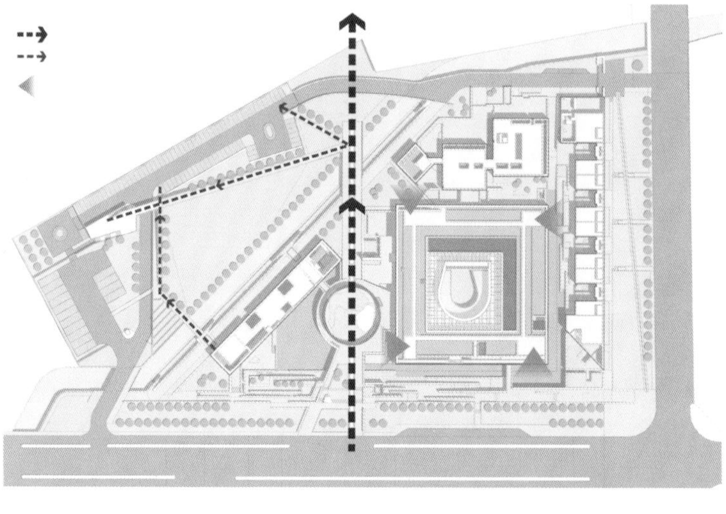

1. 花格墙与磬锤峰
2. 从场地主入口看下沉庭院

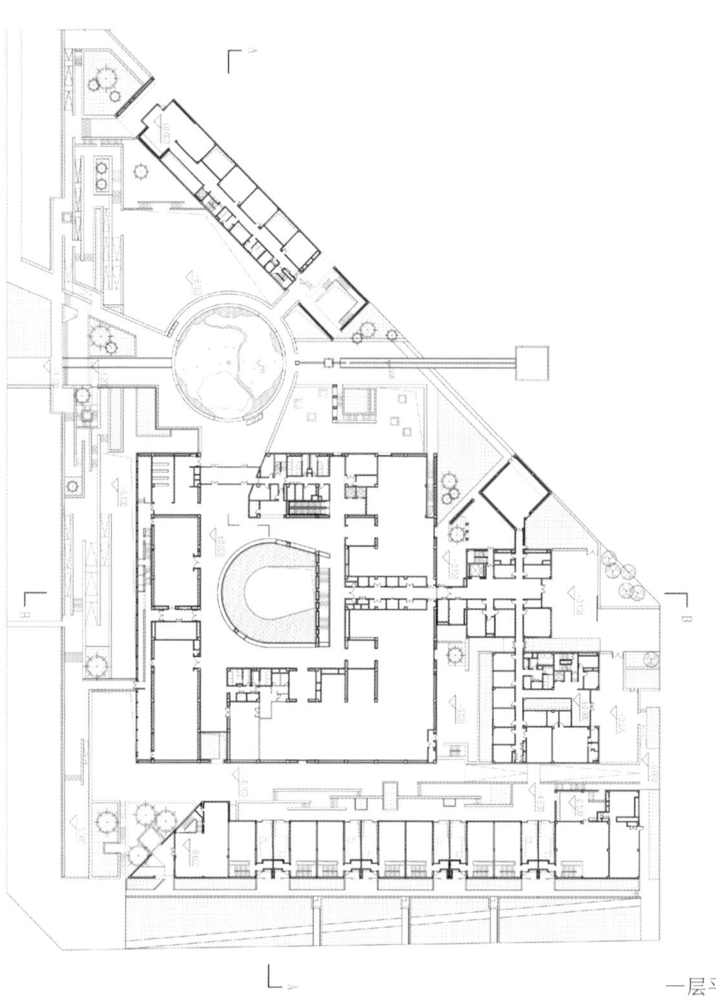

一层平面图

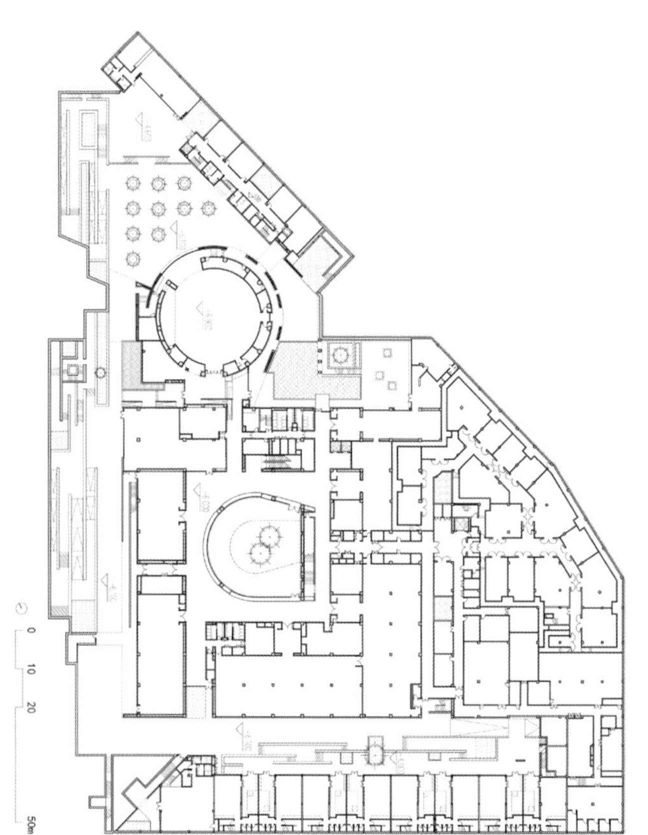

地下一层平面图

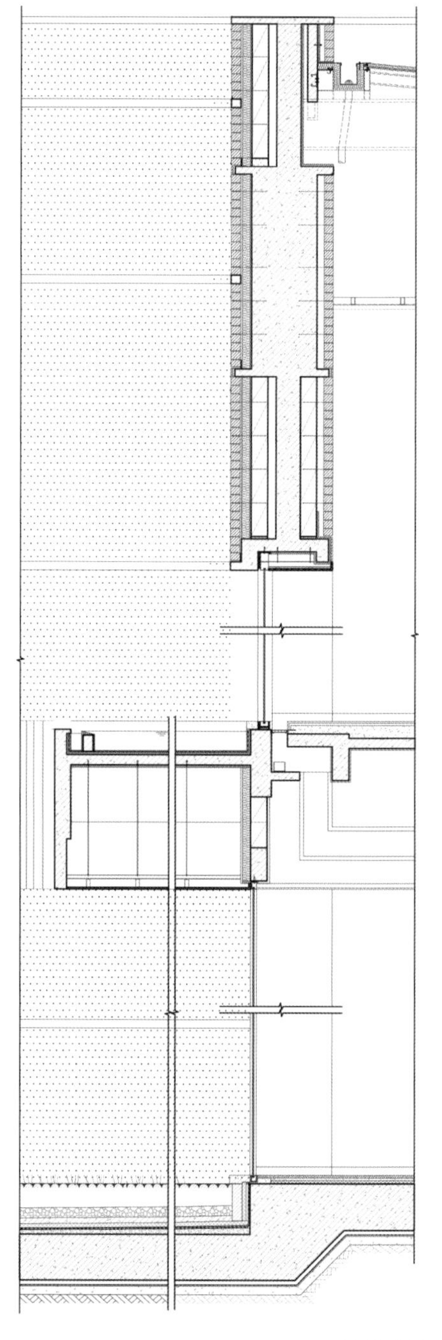

外檐详图

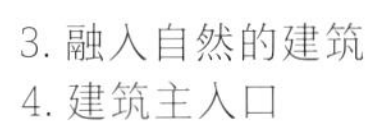

3. 融入自然的建筑
4. 建筑主入口
5. 下沉庭院
6. “藏起来”的建筑
7. 从新的“地面”长出来的建筑

	9		12
8	10		13
11			14

8/10. 庭院与框景
9. 雪中的景色
11. 意境营造：下沉庭院、油松与远山
12. 从一层展厅回廊看内庭院
13. 一层展厅外的景观回廊
14. 马蹄形的室外庭院

舍得文化中心

四川，遂宁

设计公司：非常建筑、中国建筑西南设计研究院有限公司（合作设计）
主持建筑师：张永和、鲁力佳

建筑师团队：梁小宁、黄舒怡、张博文、柳超
室内设计：Simon Lee、曾湘燕、张敏、李帅

设计时间：2017 年
建成时间：2019 年
总建筑面积：22,592 平方米
主要建造材料：钢筋混凝土框架结构
摄影：存在建筑摄影

距离成都和重庆均为 200 千米左右的沱牌镇是四川的一个企业小镇，是中华老字号酒厂舍得酒的酿造基地。或许因为幽静的地理位置，沱牌镇似乎同时保留了中国 20 世纪 60—70 年代工业城镇和乡村聚落的氛围。舍得文化中心坐落在舍得生产区的门前，与涪江和一个公园隔路相望。

功能

舍得文化中心融合了多种功能，包括酒文化博物馆、宾馆、宴会厅和研发中心等，为游客们拉开了酒厂之旅的序幕。

设计策略

经过调研，团队意识到沱牌镇吸引游客的秘诀不仅在于名酒，也在于其纯净的自然景色和宁静的地域气质。设计试图通过保留这些品质来吸引渴望远离都市喧嚣的人们。舍得文化中心被视作连接工业园区与自然景观的纽带，其建筑空间由一系列带内院的馆所以线性排列的方式组成，而形式语言则由深檐和木板墙等低调的本土化词汇构建。

建筑剖面

在馆所的剖面中，无梁混凝土楼板从中部朝两侧悬挑而出，好似一把张开的伞。这把“伞”从檐口到中心处逐渐由薄变厚，并在最厚的区域承担藏匿暖通管道的任务。

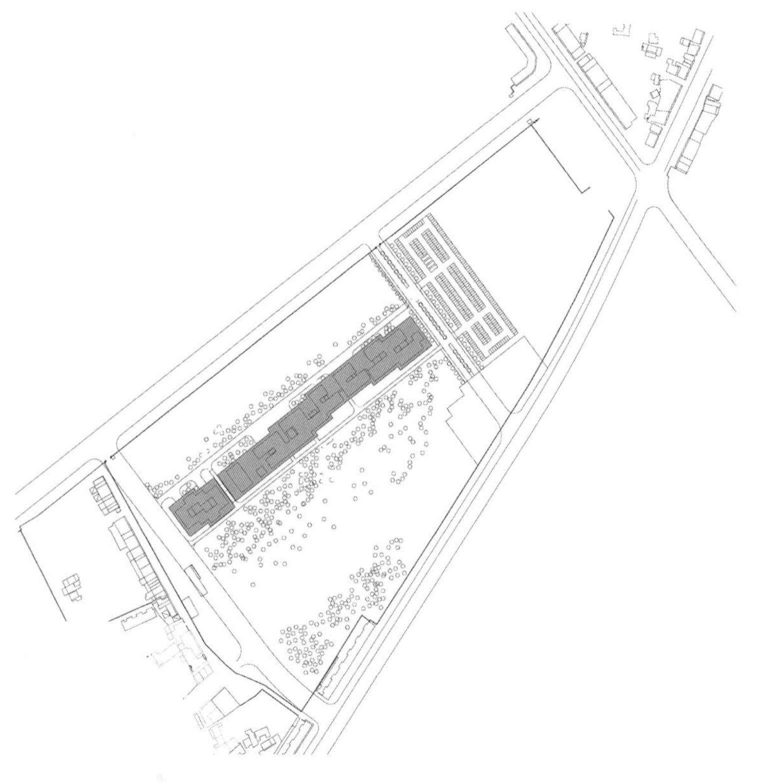

总平面图

1. 由生产区看东南侧的公园和涪江
2. 从景观水池看南立面

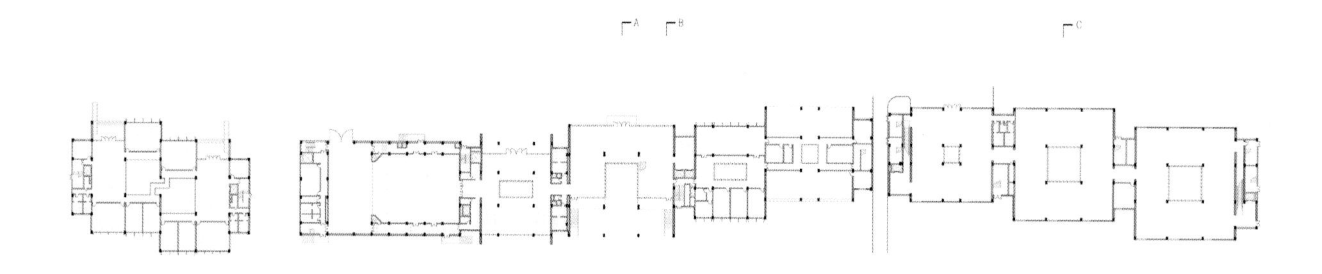

一层平面图

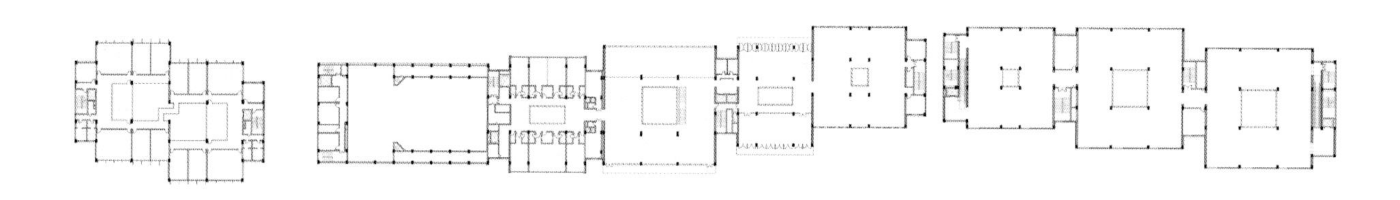

二层平面图

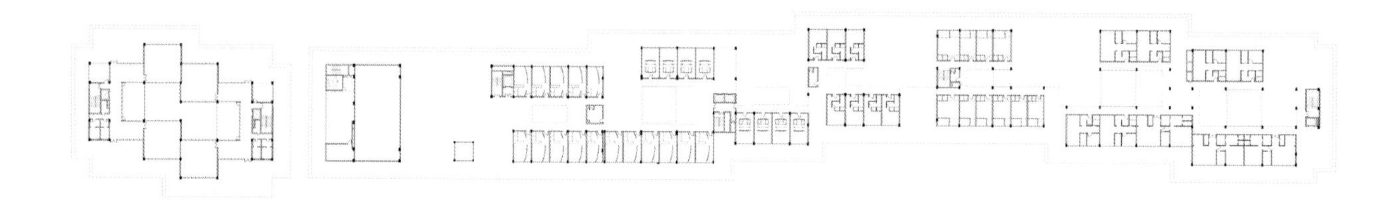

三层平面图

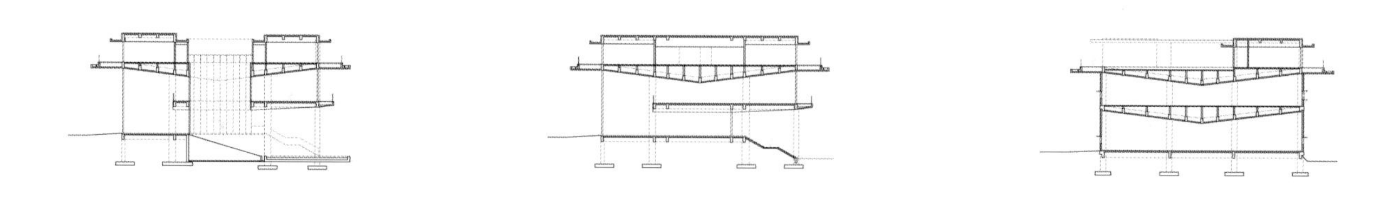

剖面图

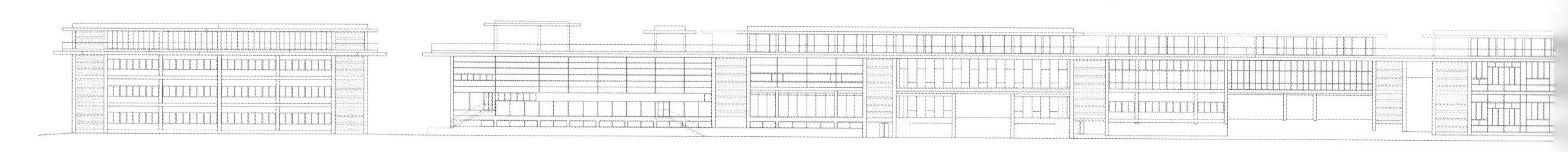

立面图

3
4
5

3. 舍得文化中心东侧
4. 大堂立面
5. 体验中心与配套办公楼之间

6. 大堂后景观台阶与水景
7. 顶层客房区休闲空间
8. 顶层客房区庭院
9. 三层客房区外廊夜景
10. 伞式结构体系
11. 展厅

青浦档案馆

上海，青浦

设计公司：上海联创设计集团股份有限公司
主持建筑师：张煜、俞斌

建筑师团队：王瑜、刘凯
结构设计：龚凯
景观设计：吴亚伟
室内设计：张冬
BIM 设计：陈润葆、帅立钰

设计周期：2015—2016 年
建造周期：2016—2018 年
总建筑面积：14,143.95 平方米
工程造价：1.3 亿元
主要建造材料：石材、玻璃、铝板
获奖情况：第七届上海市建筑学会建筑创作奖提名奖
最佳 BIM 设计应用奖优秀奖
摄影：章鱼建筑摄影工作室

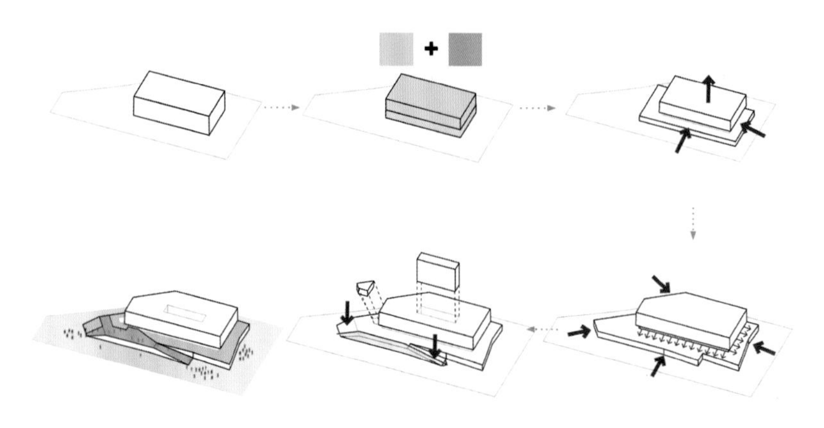

形体演示

青浦档案馆位于上海市青浦区主干道公园东路沿线，向西可达青浦区政务文化中心，向东可达上海市中心。 用地面积 15,620 平方米，建筑面积 17,671 平方米。

青浦区位于上海市郊，太湖下游，黄浦江上游。东与闵行区毗邻，南与松江区、金山区及浙江嘉善县接壤，西连江苏省苏州市吴江区和昆山市，北与嘉定区相接。青浦档案馆所在的青浦一站式大型居住社区不仅是未来青浦新城的门户，更是未来青浦新城建设和功能提升的重点区域。

青浦档案馆打破库房般封闭建筑形象，为各种开放活动提供实质性的建筑空间，突破传统档案馆封闭、冷漠的界面，创造出多样的开放性空间与公用景观，使其融入城市生活，营造可感知的城市界面。

青浦档案馆通过对檐下灰空间、中庭、屋顶平台、沿河景观等开放空间的打造，增加公众的参与度，获得丰富的空间体验，并将原先一些内部使用的报告厅、会议室、餐厅等置于一层，使内部空间也具有对外的灵活性，档案馆内部功能区及库房设置在二层以上，满足档案安防、保密的需求。

青浦档案馆作为城区景观核心的重要建筑，在创新与继承地域建筑风格中做了一些探索。借取江南建筑色彩以灰、白、黑为主的色调，局部辅以亮色。通过对材料的质感、色调的选择及多种材料肌理之间的搭配，形成透明、半透明、不透明的视觉效果，来表达江南地域建筑文化的层次感、朦胧感、多义性 。

采用具有江南意象的离瓦挂板内饰面，通过对青浦这样的江南水乡的记忆重拾，吸收白墙、花格窗、离瓦这样代表江南意象的建筑元素，对其进行抽象、解构、重塑，用现代的材料进行表现，运用于光阴之庭，既再现地域环境的氛围，又充满现代感。

坚持设计与建造的当代性，采用了当代技术成熟的钢筋混凝土框架结构，造价经济。主要使用石材、玻璃、金属等现代材料，采用标准化模块设计并尽量工厂预制、现场装配，减少现场消耗的同时节约建造成本。

室内外灵活划分的展厅，具有多功能的媒体室，可以作为文化交流的会议室、教育培训室，以及鼓励市民参与的景观场地、设施，创造了很好的经济、社会和环境效益。

1
2

1. 鸟瞰
2. 夜景

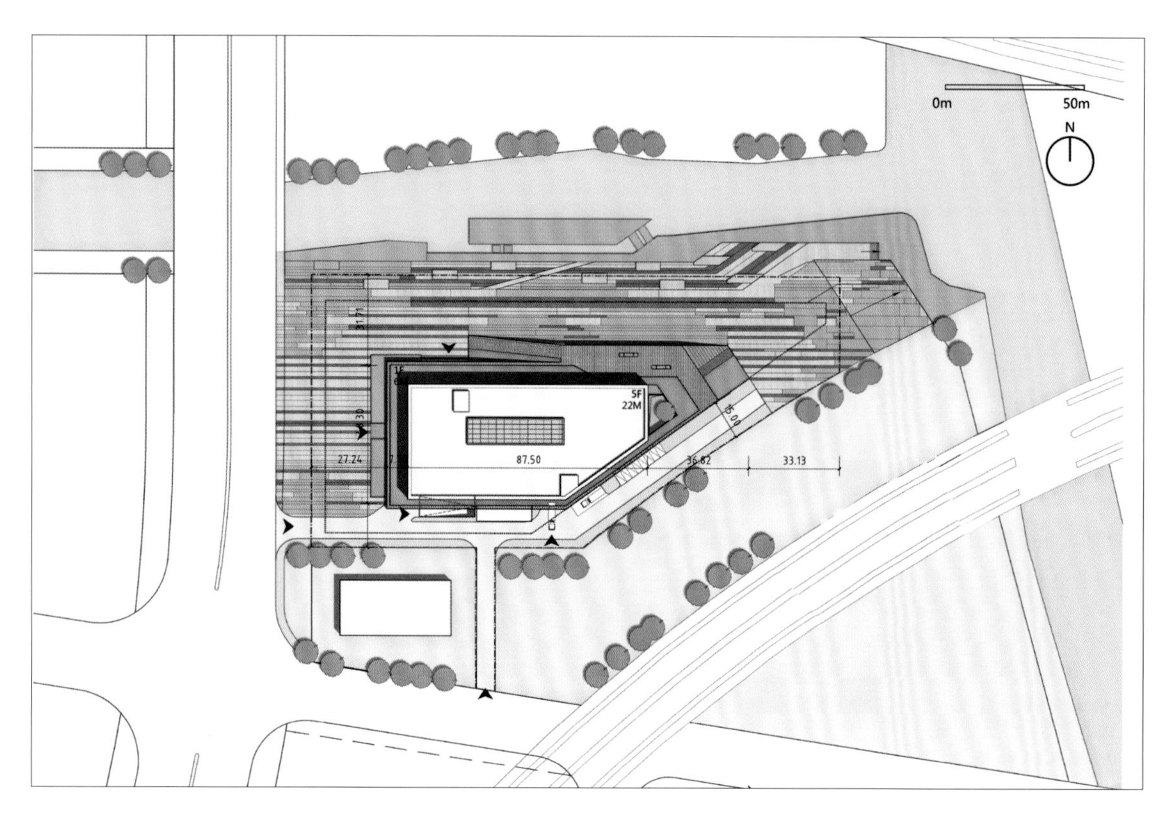

总平面图

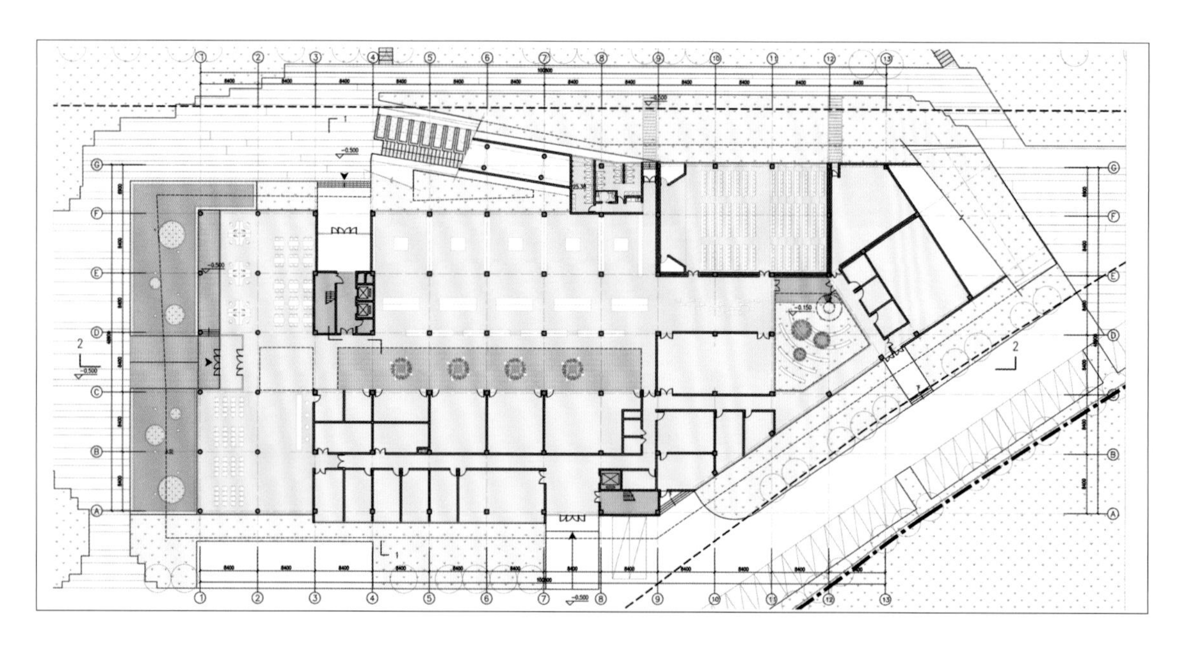

一层平面图

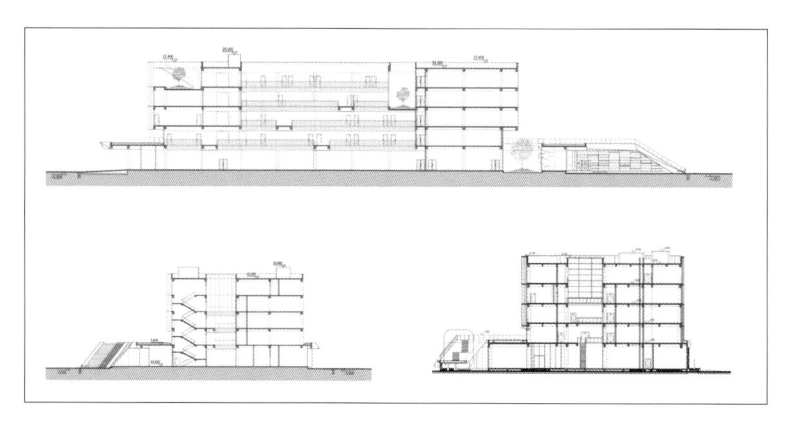

剖面图

立面图

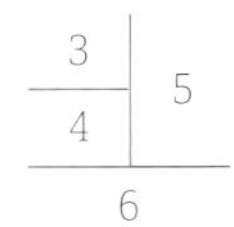

3/4/5/6. 效果

7 | 8 10

9 11 | 12

7. 室外旋转楼梯
8. 室外景观步道
9. 入口
10/11/12. 室内效果

湾头桥乡镇中心

湖南，武冈

设计公司：地方工作室
主持建筑师：魏春雨

建筑师团队：刘尔希、尤志川、季世超、范维昌、佟琛、黎念诗
结构机电设计：湖南大学设计研究院有限公司
景观设计：湖南水立方建筑与景观设计有限公司
幕墙设计：湖南力构建筑装饰有限公司

设计周期：2016—2017 年
建造周期：2017— 2019 年
总建筑面积：10,952 平方米
工程造价：1400 万元
主要建造材料：红色土砖、清水混凝土、玻璃幕墙、本地卵石、素水泥
摄影：胡骉（数智营造工作室）、高雪雪

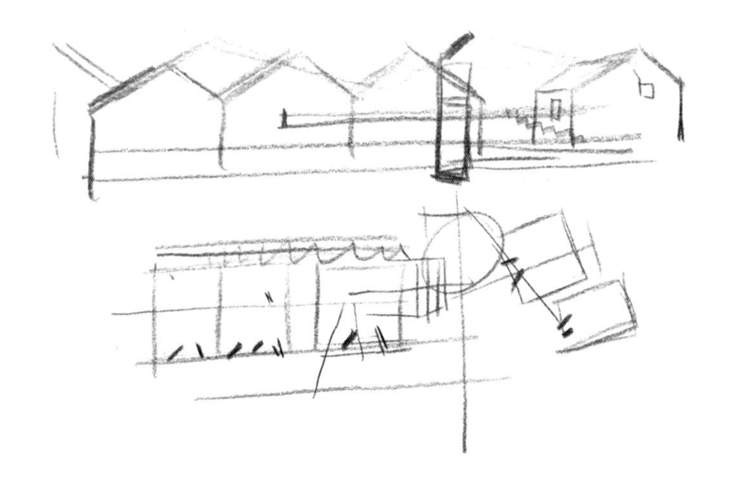

武冈是湘西南的一座古城，湾头桥镇是武冈市下辖乡镇。作为扶贫安置计划的配套工程，湾头桥乡镇中心要改善农村赶集场所的面貌，避免占道引发混乱和安全卫生隐患，并计划为从穷乡僻壤迁徙至此定居的贫困户提供谋生场所。周期性集场是乡镇中心最主要的功能，它解决了农村商业设施匮乏的问题，也是农村文化活动的重要载体和共同记忆的承载空间。

融入乡镇肌理，重构乡镇秩序

乡镇集场约 1 万平方米的建筑体量，通过单元化聚落与周边的建筑肌理融成了一片。设计从在地性、图式和原真性的角度切入，寻找合适乡镇建筑的表情。以现代建筑语言对乡土建造、乡土场所、乡土情怀进行重构，以仪式性空间特征塑造乡镇日常性集场的空间张力，探讨了仪式与日常的关系，并通过仪式性增强乡村凝聚力。

低成本建造与地方特色营造

由于项目以 1400 万元的极低成本建造，因此成本控制、减少不必要的空间浪费是在设计时面临的首要技术难题。建筑材料尽可能使用普通页岩红砖、卵石、混凝土等本地产品，减少运输成本并促进地方经济发展，同时尽量使用农民熟悉的砌筑工艺。

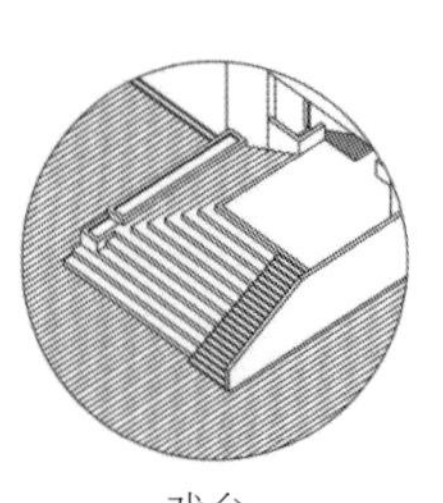
戏台

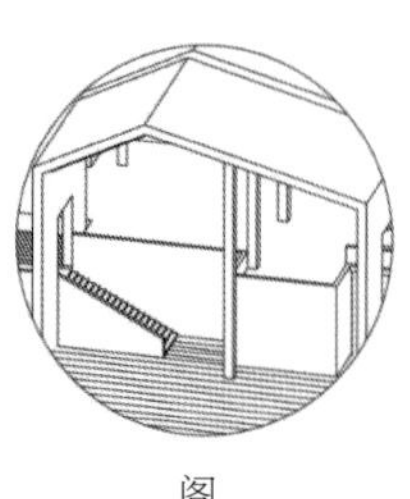
阁

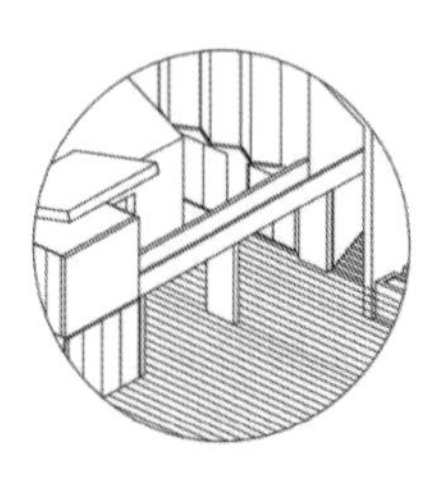
桥

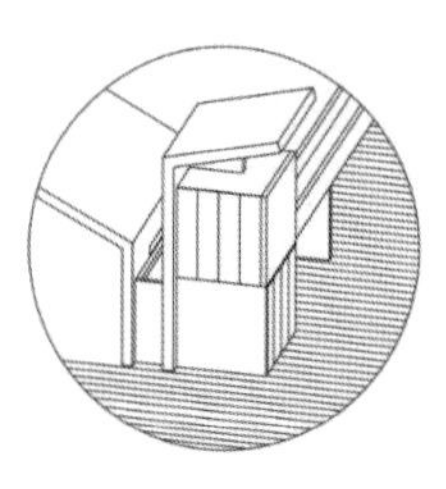
塔

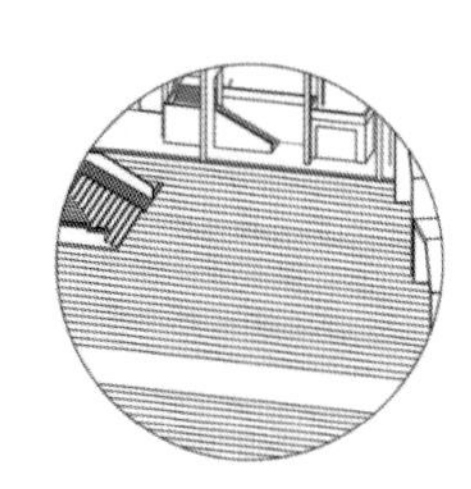
晒谷场

菜台

1 / 2

1. 田野、集场、乡镇
2. 露天市场

总平面图

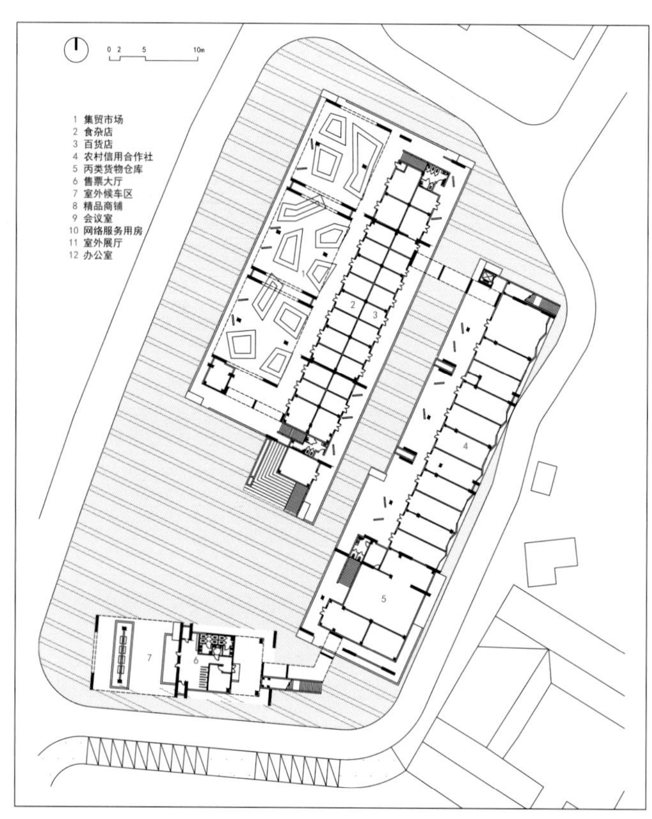

一层平面图

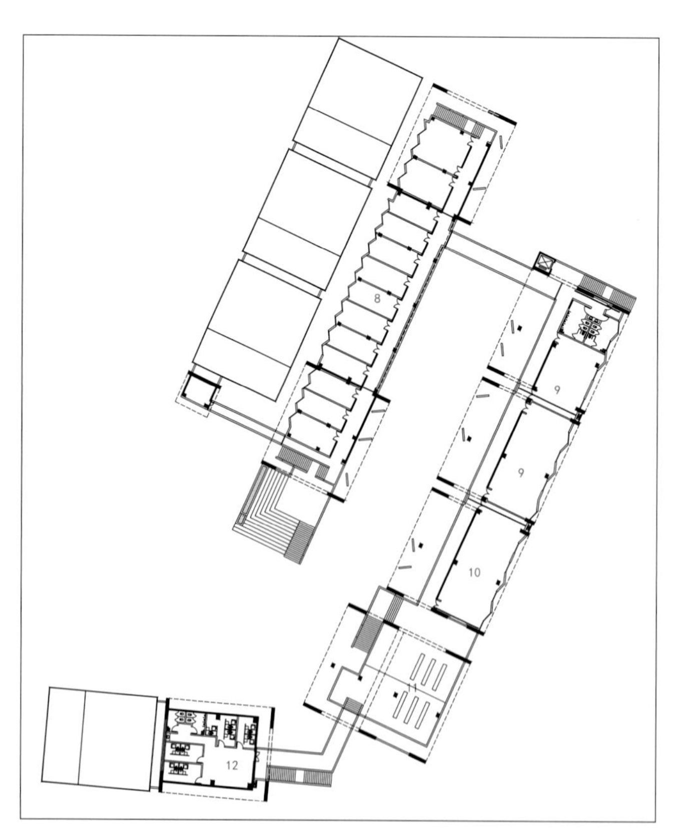

二层平面图

3
4 5 6

3. 台阶与桥梁
4. 露天市场局部
5. 塔
6. 从室外平台望向内街

7 | 9
8

7. 集场大棚
8. 市场如同阳光普照的土地
9. 市场中心的流通空间

田汉文化园

湖南，长沙

设计公司：地方工作室
主持建筑师：魏春雨

建筑师团队：黄斌、吕昌、欧阳胜、王宇星、尤志川、顾紫薇、范鹏、李矗、郭文浩、李沁 王佳楠、董新蕊、刘桐、杨忞、尹帅、黄立君
结构设计：湖南大学设计研究院有限公司
机电设计：湖南大学设计研究院有限公司设备所
室内设计：长沙视码空间设计有限公司
景观设计：湖南水立方建筑与景观设计有限公司
古建设计：湖北中艺古建园林工程有限公司

设计时间：2017 年
建造周期：2017—2019 年
总建筑面积：12,432 平方米
工程造价：8000 万元
主要建造材料：英红水泥瓦、清水混凝土、青砖
获奖情况：2019 年 ArchDaily 中国建筑年度大奖冠军
摄影：姚力、胡骉（数智营造工作室）、齐靖、黄斌

田汉是我国国歌的词作者，中国现代戏剧艺术发展的开拓者和主要奠基人。田汉文化园以田汉故居为中心，场地周边视野开阔，水田村落穿插环绕，田汉自诩为“田中的汉子”。

田野村落肌理织补

设计摒除地域建筑的常态风格和风貌的浅层表达，有意识地强调建筑的风骨，关注的是原生聚落空间基因和当地传统地域类型的当代性衍生，它不是对故居周边村落的一种简单克隆，而是在地景上、空间基因上的一种当代转译，同时又是村落的一种自然生长的结果，是田野村落肌理的延续发展。而这种并非传统意义上纪念碑似的建筑，体现了抓地性，体现了匍匐在地，体现了朴实的材料物性，这就是对田汉最好的纪念。

地域类型学与在地性表达

艺术学院溯源于传统书院建筑的“斋”空间，3 列平行并置的反拱屋顶组成“斋”的空间序列，并错动形成具有公共性的大悬挑檐廊和院落；艺术陈列馆的展厅核心嵌入圆筒形“天井”，人们通过天井进入倾斜双筒间的螺旋楼梯到达远眺平台，这是一种戏剧性的空间转换体验；戏曲艺术街和游客服务接待中心以本地聚落为原型，是当代“窨子屋”的组合，抽取地方的街巷、凹廊、天井等空间特点；挖掘研究青砖、混凝土、红泥墙、杉木板等地方材料的建造工法，拙朴在地的人工痕迹让建筑锚固于地，在时间的长轴之上如废墟中蕴藏着顽强的生命力。

园区整体模型

1
2

1. 艺术学院西南外景
2. 艺术学院主入口

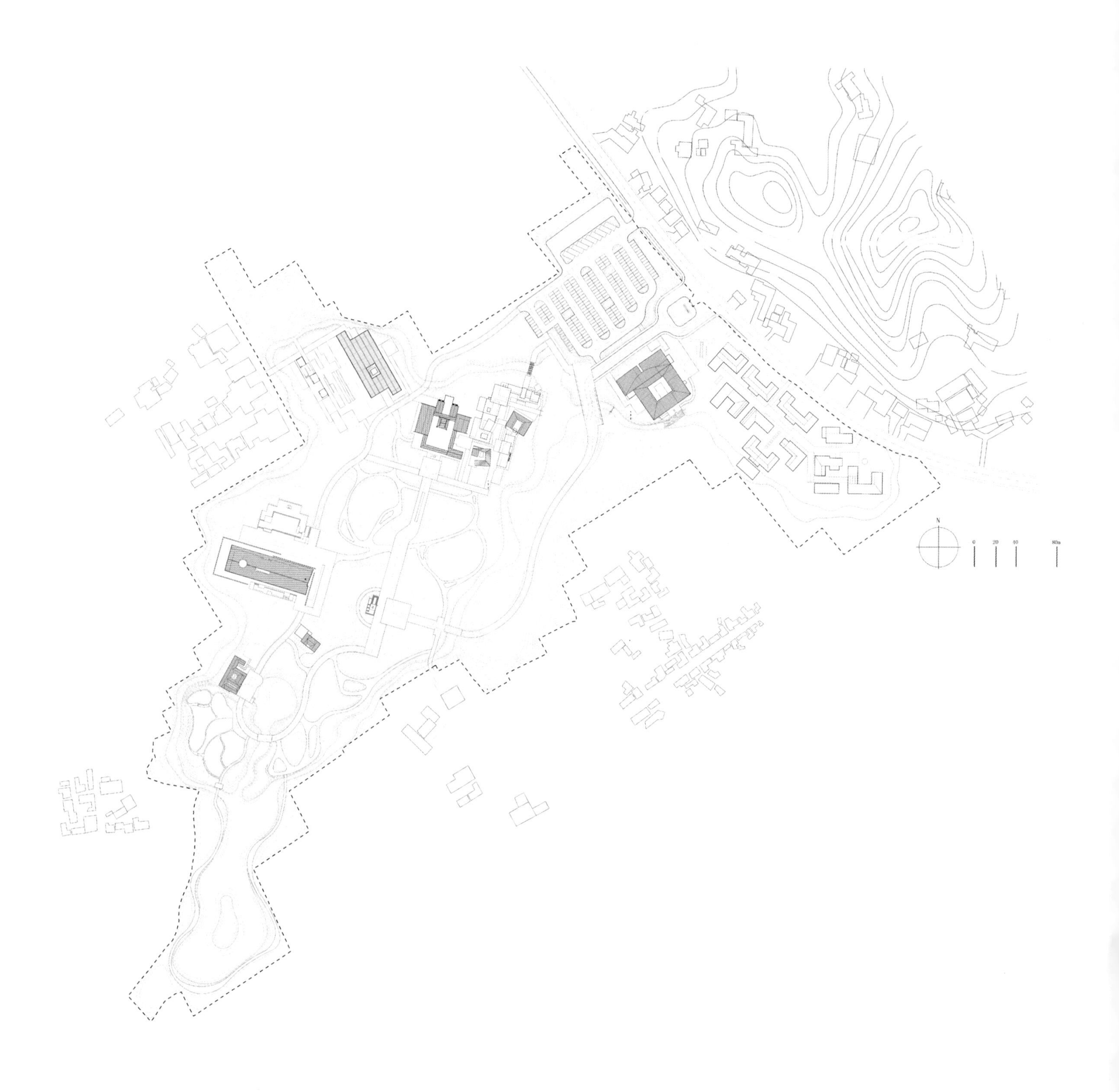

田汉文化园总体平面图

3	
4	5

3. 艺术学院檐下空间
4. 艺术学院内天井
5. 艺术学院室内边庭

6 | 7 | 8 | 9

6. 艺术陈列馆围墙与边庭空间
7. 艺术陈列馆西南立面局部
8. 艺术陈列馆竖筒
9. 艺术陈列馆总体鸟瞰夜景

黄帝文化中心

陕西，延安

设计公司：中国建筑西北设计研究院有限公司
主持建筑师：张锦秋

建筑师团队：徐嵘、徐泽文、刘婷婷
结构设计：吴琨、侯文龙、王景、龙婷
设备设计：赵凤霞、张明、杜乐、张飚
景观设计：朱春红、王海银
室内设计：北京清尚建筑装饰工程有限公司

设计周期：2012 年 7 月—2014 年 11 月
建造周期：2014 年 10 月—2018 年 5 月
总建筑面积：2.4 万平方米
工程造价：14,115 万元
主要建造材料：钢筋混凝土
获奖情况：2020 年 7 月陕西省优秀工程设计一等奖
2019 年 4 月中国建筑西北设计研究院优秀施工图奖（建筑专业）一等奖
2016 年 12 月中国建筑优秀勘察设计（专项建筑方案）二等奖
摄影：张露、韩书海

总体平面图

黄帝文化中心位于延安市黄帝陵景区最东端，东临 G210 国道，西距黄帝庙区中轴线 390 米，南为印池，北面为通向桥山黄帝陵冢的道路，总用地面积 97,620 平方米，总建筑面积 2.4 万平方米，为大型博物馆项目。

设计概念

大象无形：黄帝文化中心建筑主体全部隐藏于地下，以建筑的“无形”强化黄帝陵桥山肃穆、静谧的整体氛围。建筑顶板上设 2.5 米厚覆土，密植松柏成林，与桥山的古柏森林浑然一体，使桥山绵延的山形一直延伸至印池两岸，对轩辕庙成环抱之势。

中华玉龙：将 5000 年前形体圆润、线条流畅的中华玉龙抽象为设计母题，并将其体现在建筑的平面、立面和内部空间设计之中，寓意黄帝是龙的化身，中华民族是龙的子孙。

项目特点

黄帝文化中心由地面广场、下沉式入口广场、文化中心全地下建筑、停车场、大面积绿化共同组成。地面广场是文化中心与城市道路的过渡空间。广场上以自然形态种植高大的松树，穿过松树林，沿大台阶到达下沉式入口广场。黄帝文化中心主入口内凹，对下沉式入口广场形成环抱之势。建筑造型极简，无多余装饰。

在绿色设计方面，采用地源热泵绿色可再生能源，以覆土建筑形式合理利用地下空间，室外采用透水地面材料、多屋面绿化、垂直绿化，并选择耐寒耐旱的当地植物，雨水回收净化后用作景观植物灌溉，采用土建、装修一体化设计。

1. 回望下沉式入口广场
2. 主入口

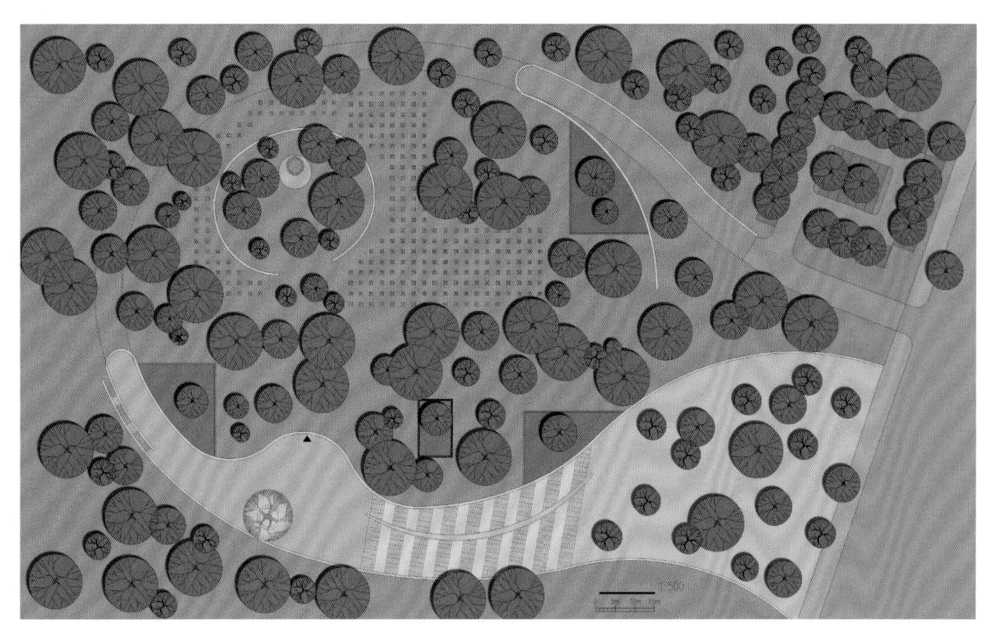

屋面平面图

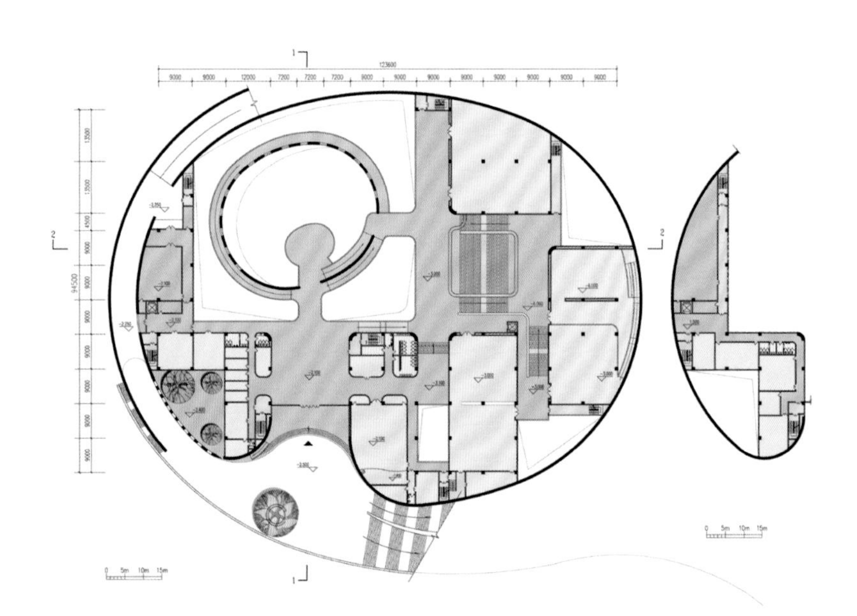

地下一层平面图

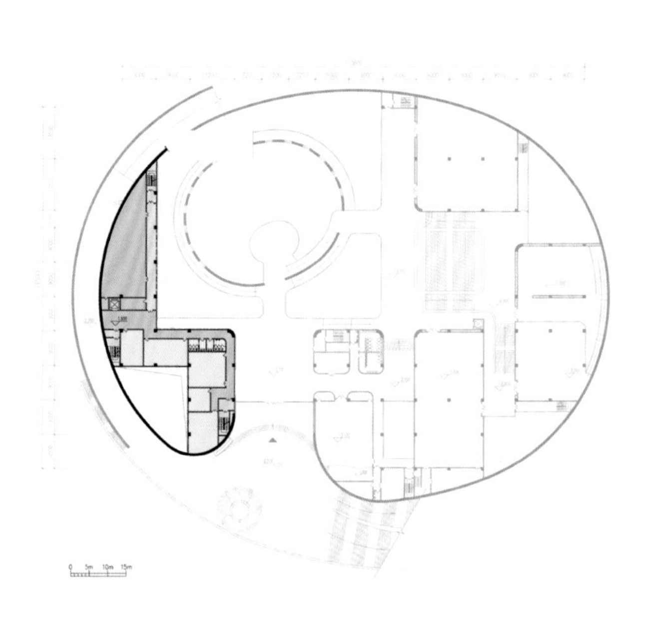

地下二层平面图

1—1 剖面图

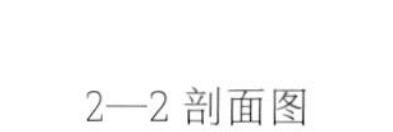

2—2 剖面图

3	
4	5
6	7

3. 从公共休息区看向序厅，天光从屋面落下
4. 公共休息区
5. 从地下一层入口处看向序厅及公共休息区
6. 从地下二层看向地下一层的通廊
7. 序厅东侧大台阶

重庆故宫学院

中国，重庆

设计公司：非常建筑、重庆联创建筑规划设计有限公司（合作设计）
主持建筑师：张永和、鲁力佳

建筑师团队： 何泽林、于跃、龙彬、潘陈超

设计周期：2016—2018 年
建成时间：2020 年
总建筑面积：约 2700 平方米
主要建造材料：胶合木桁架、钢曲梁柱
摄影：DID STUDIO

安达森洋行位于重庆市南岸区，依山面江。场地西邻慈云寺，处于重庆市历史核心保护地块内。

原状及挑战

安达森洋行起建于 1891 年，经过不同批次的建设陆续建成，原是一家瑞典贸易公司，原作为办公场所及仓库使用。抗战时期故宫文物南迁，在此得到储存和保护。尽管年久失修，但基本保留了原有建筑特点。现有单体建筑 8 栋，根据文保等级不同分成 3 类，计有文物保护建筑 4 栋（2 号、3 号、4 号、5 号），需要保持原结构、材料、工艺，优秀历史建筑 1 栋（1 号），传统风貌建筑 3 栋（6 号、7 号、8 号），后 4 栋需要保持原风貌。处理旧与新的关系是项目最大的挑战。

延续及更新

原有建筑材料种类、使用方法多样：结构有木和砖木混合结构，墙体有青砖、清水墙、空斗砖墙、夯土墙，门窗为木制，屋面为小青瓦，建筑基座为条石。在设计中延续了多样化材料的特点。

对于文物保护建筑（2 号、3 号、4 号、5 号），修复了青砖墙面、小青瓦屋面，将夯土墙以现代技术重建。对于优秀历史建筑（1 号），恢复小青瓦屋面，保留青砖空斗墙、红砖构造柱，同时将面对广场及入口的墙面变为更为通透的落地玻璃门。对于传统风貌建筑（6 号、7 号、8 号），将屋面改为平板瓦铺设的卷棚屋面，将墙面改为玻璃幕墙。在保持总体历史风貌的同时，使开放性有所增加。

新结构

引入了一种新的胶合木桁架结构，采用了多级撑杆，以使受力均匀合理，并减小构件尺寸。1 号楼内部以及 3 号楼、5 号楼的坍塌部分均使用了这种新结构体系，保持原始外观不变。在 3 号、5 号楼内部，新型木结构得以与重建的传统木结构形成对照。而 6 号楼、7 号楼、8 号楼则以一种钢曲梁柱来实现其卷棚屋面的形态。

业态 / 流线

由于历史机缘，重庆故宫学院及南迁文物纪念馆将入驻于此。相关的展览活动、文化讲座、儿童教育、文创产品展示、工坊体验等都会在此展开。老建筑本身由于其所附带的文化属性、风格特征，具有了展品的性质。在场地的流线设计中，考虑了观赏建筑的视角，开辟出观景平台。建筑的屋檐出挑较大，形成了多个半室外檐下空间，为交通路线、户外活动提供了遮蔽。现场遗留的缆车轨道、石阶、植被等，作为场地的记忆得以保留。

1
2

1. 场地紧邻长江
2. 建筑群依山而建

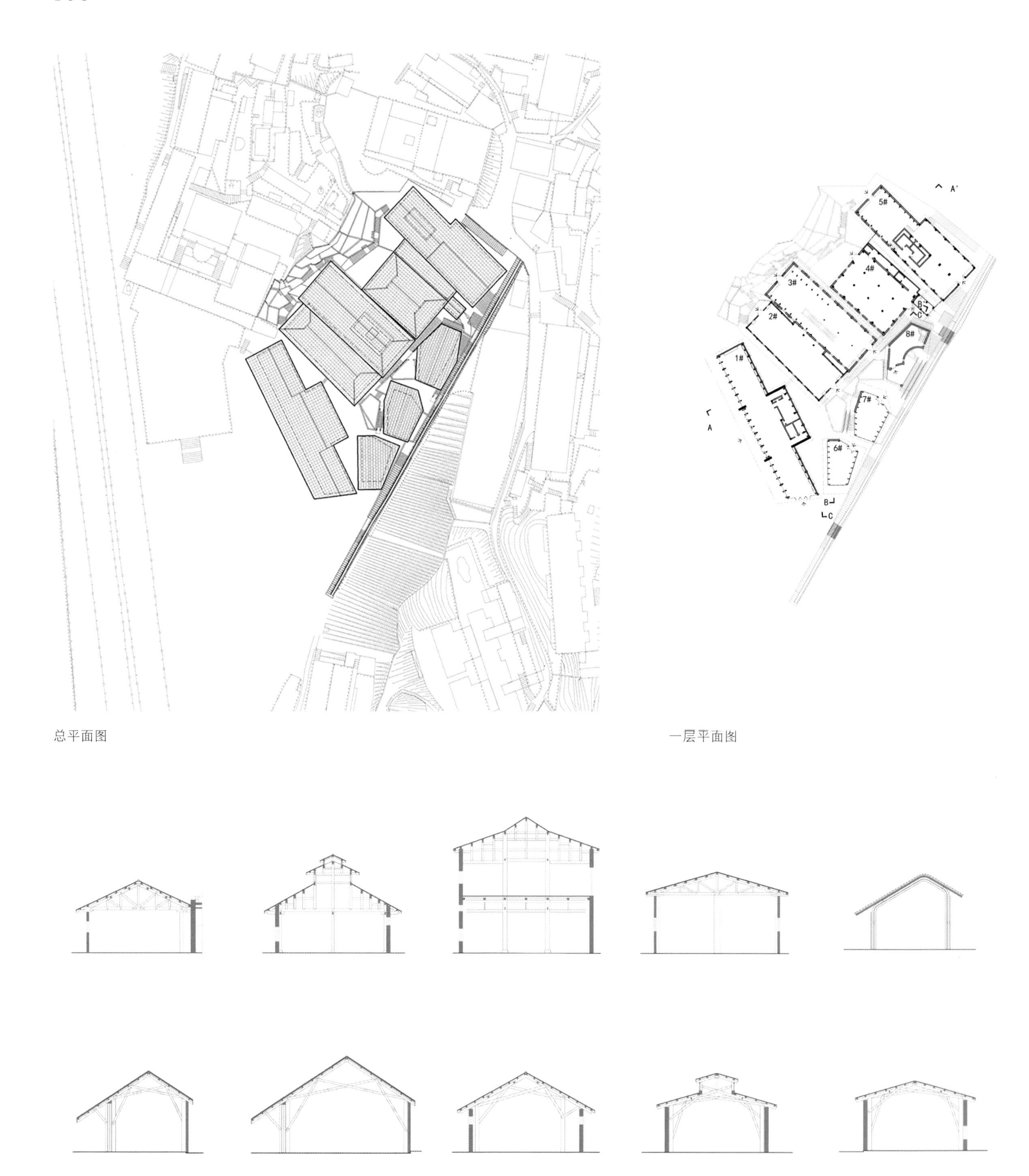

总平面图

一层平面图

结构类型

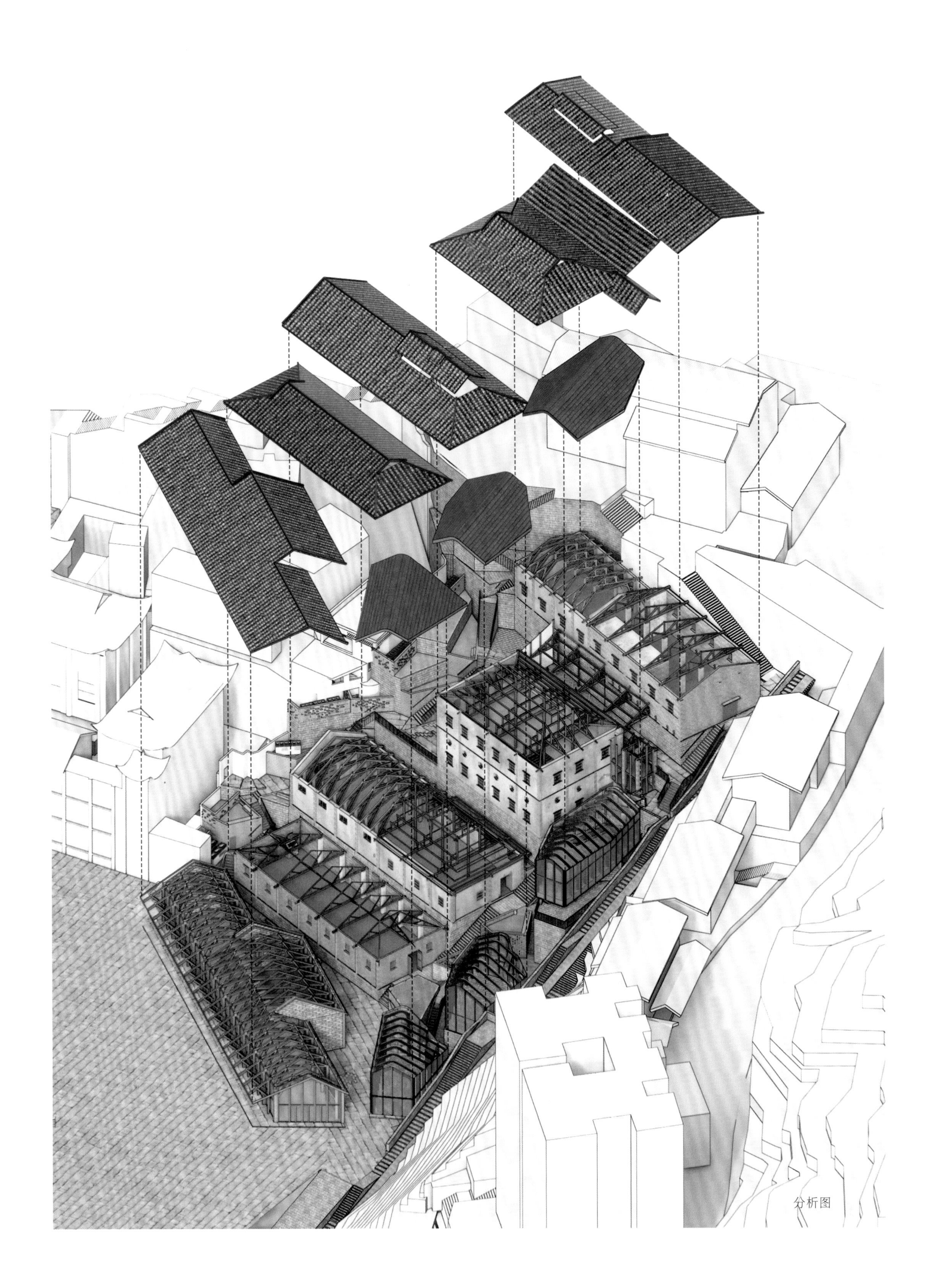

分析图

3	5	7	
4			
6		8	9

3. 入口处视角
4. 保留青石台阶，新老建筑分布左右
5. 屋面出檐
6. 夯土墙
7. 新老结构并置
8/9. 胶合木桁架结构

黄石市群众艺术馆

湖北，黄石

设计公司：中南建筑设计院股份有限公司
主持建筑师：唐文胜

建筑师团队：王新、黄莉、张颖、李仕将
结构设计：李霆、王颢、黄波
设备设计：骆芳、熊建辉、张银安、王俊杰、陈勇、李成波

设计周期：2011 年 11 月—2012 年 9 月
建造周期：2013 年 7 月—2019 年 7 月
总建筑面积：17,709 平方米
主要建造材料：钢筋混凝土
摄影：章勇（章鱼建筑摄影工作室）

黄石市群众艺术馆位于黄石市城市中心，基地东北边有风景优美的磁湖。基地原为开发区保税仓库，总用地面积 13,383 平方米，其中周边城市道路面积 2467 平方米，保留街头绿地面积 4263 平方米，地上总建筑面积 17,709 平方米。重建后，馆舍面积达 8000 平方米，并由“二级馆”升级为“一级馆”。另外在同一地块上一并建造约 3000 平方米的老年人（老干部）活动中心。

尊重场地脉络的总体布局

项目充分尊重场地脉络，善用磁湖良好的景观资源，延续了磁湖和团城山的轴线关系，将主体建筑沿此轴面向磁湖展开布置。

境友好包容的景观设计

项目梳理了周边建筑的外部空间关系，最大化地保留了用地内的植被，串联了磁湖景观视觉轴线。在屋顶面向磁湖和团城山的轴线开口设置屋顶花园，获得了最佳的观湖观景平台，创造了多层次的绿化景观，体现了环境友好包容的景观设计策略。

新旧建筑共生的改造更新

项目以旧建筑改造更新为核心，将原有的街心公园作为黄石市群众艺术馆的主入口广场，实现了新旧环境的和谐对话。利用基地内开发区保税仓库的大跨度现浇井字楼盖框架结构，大大节省投资，提升装修档次，同时保护改造更新的设计手法传达出对于工业遗产历史建筑包容友好的建筑设计策略，实现了新旧建筑的共生。

模数控制构成的纯粹空间

项目严格遵守模数协调规则，创造出简洁几何形体，构成“纯粹空间”，以保留建筑改造而成的方形剧场为几何中心，外围以圆形坡道环绕，中间布置采光水庭，形成外圆内方的空间格局，具有强烈的形式逻辑性。在立面材料上，通过清水红砖墙体现材料的原始、内敛、稳重、古典之美，和谐的比例、尺度等细节赋予了建筑如雕塑般的体量感和空间感。模数化控制使所有材料的尺寸均相同，经济且高效。

总平面图

1/2. 鸟瞰

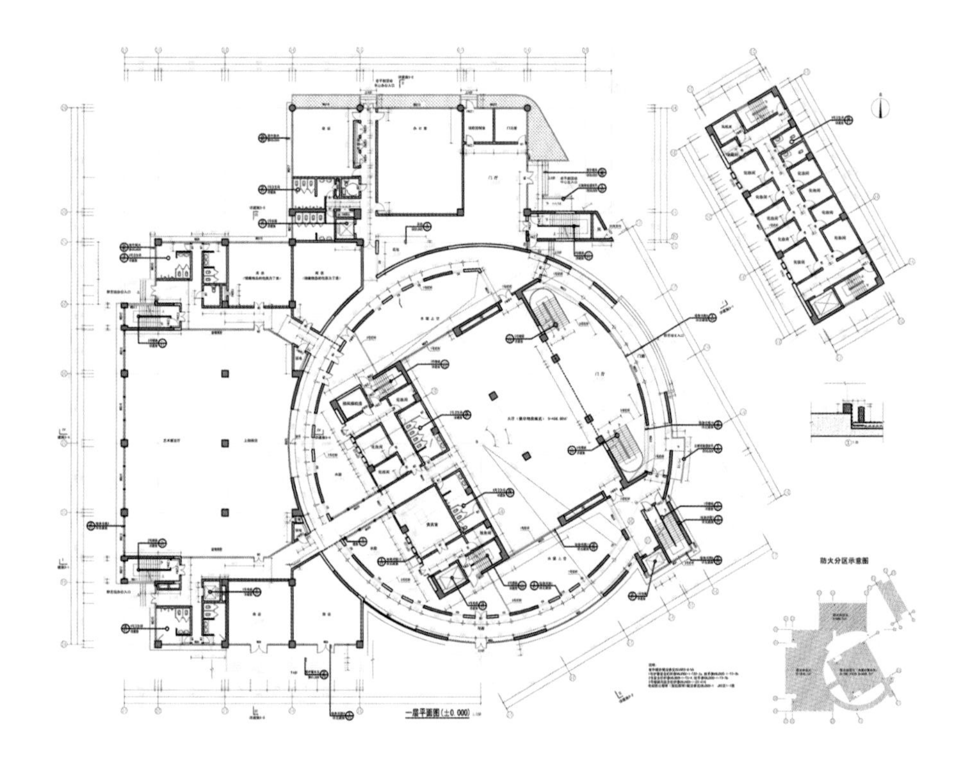

一层平面图

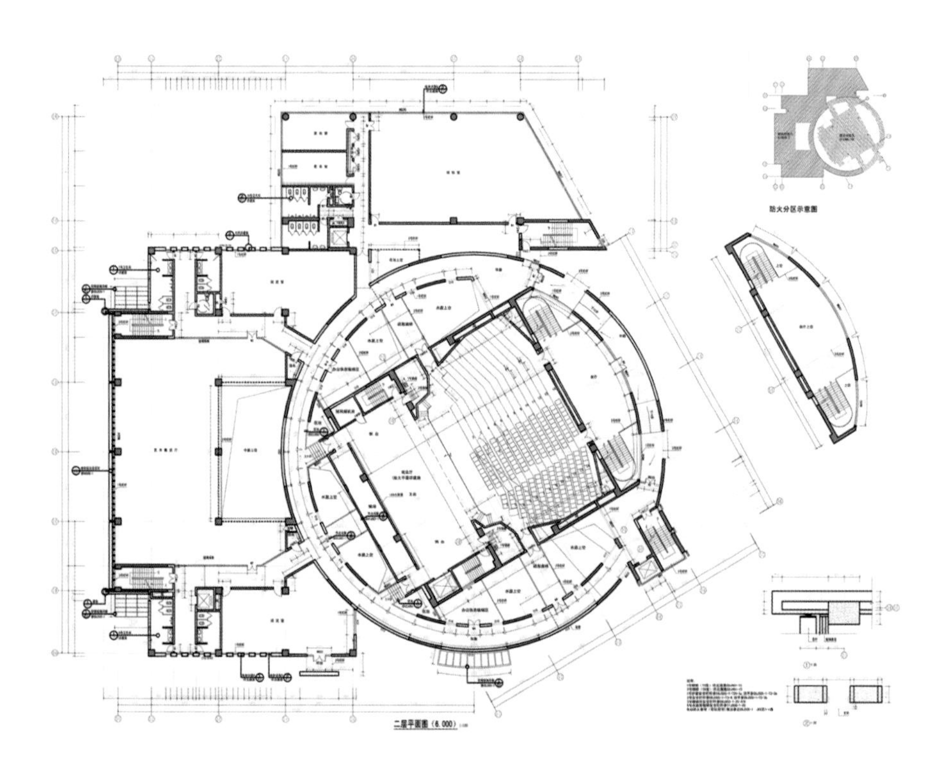

二层平面图

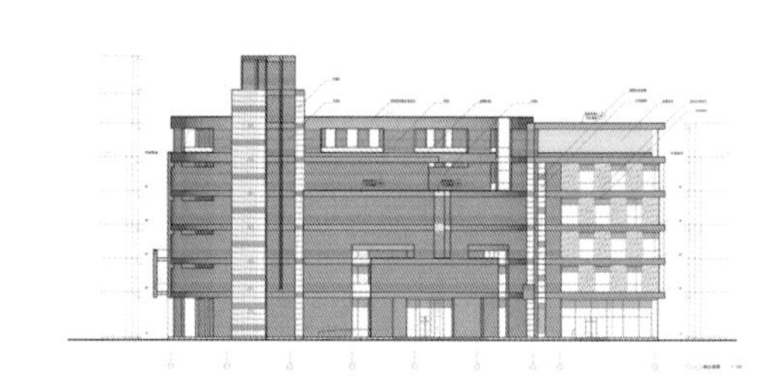

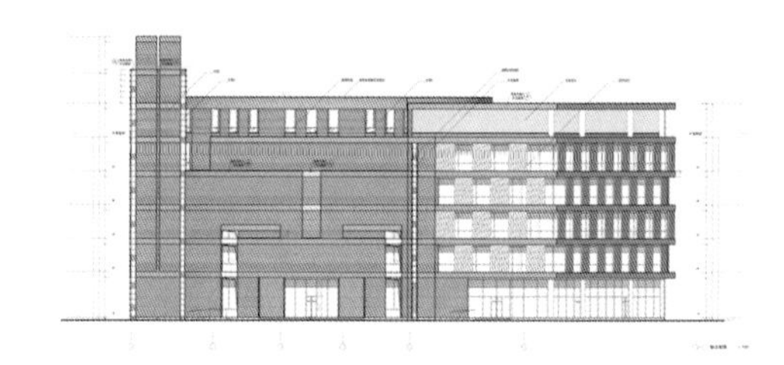

立面图

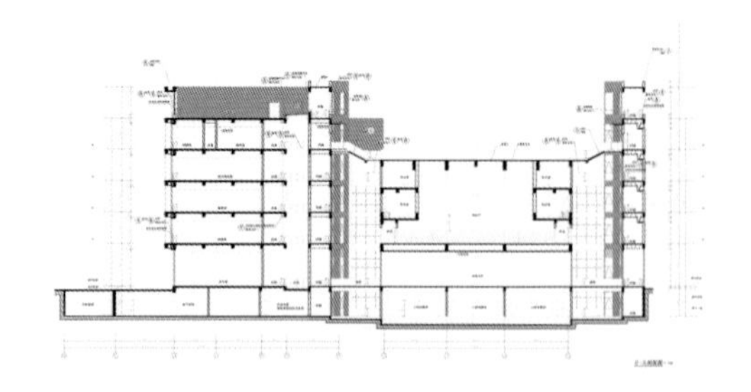

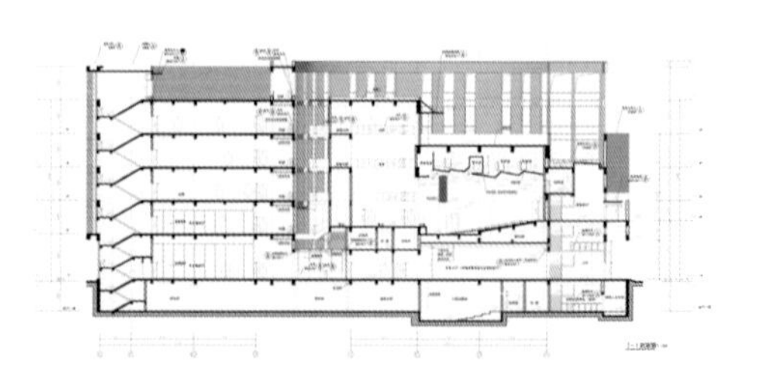

剖面图

3 | 4 | 5

3/4/5. 群众艺术馆和老年人（干部）活动中心外立面细节

人与自然对话的室内体验

项目贯彻“以人为本”的设计理念，多样化的建筑空间带给了市民丰富的戏剧性的空间感受，如水之庭院、展示环廊、方形的展览空间，既符合艺术展览的功能特性，又营造了幽雅、安静的氛围，带给了观众人与自然对话的室内体验。

节能低碳绿色的生态策略

项目通过节能低碳绿色的生态策略，将自然的“光、影、风、水”引入建筑内部，清澈平静的浅水带来了静谧的感觉，光在建筑构件上的投影形成了强烈的光影效果。建筑中还布置了多处中庭、天井，利用对流热压差形成拔风效应，产生了微气候循环风，保证了舒适的室内环境。

6. 主入口
7/8/9. 群众艺术馆和老年人（干部）活动中心局部
10. 天桥

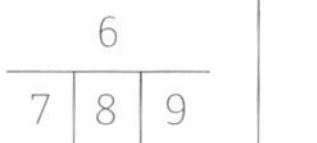

11/12/13. 将光、影、水引入建筑内部
14. 展览空间
15. 天井
16. 演艺空间

11	12		15
13	14		16

保利WEDO · 2019
黄石文化&音乐夏令营
POLY WEDO HUANGSHI CULTURE&
MUSIC SUMMER CAMPUS

2019 年北京延庆世园会世园村酒店

中国，北京

设计公司：北京市建筑设计研究院有限公司
主持建筑师：金卫钧、焦力、刘志鹏、张伟

建筑师团队：刘志鹏、张伟、赵晨
结构设计：王轶、甄伟、何水涛、慕晨曦
设备设计：段钧、周小虹、张志强、李昕（给排水、暖通）
刘倩、张争、郝晨思、孙晟浩（电气）

设计周期：2016 年 8 月—2018 年 8 月
建造周期：2018 年 9 月—2019 年 4 月
总建筑面积：123,002 平方米
工程造价：12 亿元
主要建造材料：钢筋混凝土、蒸压混凝土砌块等
获奖情况：2018 年获得公司内部优秀方案一等奖
摄影：杨超英

北京延庆世园会世园村酒店由北京世园投资发展有限公司投资建设，坐落于北京延庆世园会 2 号门东侧，同国际馆、生活体验馆遥相呼应，分别由凯悦酒店管理集团及港中旅酒店管理集团管理，肩负着 2019 年北京延庆世园会的重要会时保障使命，同时也是 2022 年北京冬奥会的签约酒店。

酒店作为 2019 年北京延庆世园会专属配套酒店，不仅承担着会期及会后的接待功能，还作为世园会重要形象之一，传承中国传统建筑和园林文化。在整体规划构思设计之初，酒店的功能定位和形象风格便已经明确，在建筑设计、室内设计及景观设计中大胆创新。会议接待和休闲度假的多重功能综合体，呼应世园会主题，与园内同为新中式风格的“中国馆”和而不同，周而不比，各自书写着不同的中式笔迹。

酒店建筑在文化符号上注重传统建筑文化和园艺风情的表达，让体验者立体地感知中国传统文化的传承和自然园林趣味。在空间规划设计中，建筑群体呈围合院落式轴线对称布局，中央围合园林庭院，配以中式景观亭台楼榭，汲取了中国传统建筑空间的精髓。在外观设计中，将传统建筑语言加以抽象和演化，依据传统建筑比例打造的三段式石材墙身、典雅大气的传统缓坡大屋顶、疏密变化且光影斑驳的仿木格栅、富有韵律排列的檩椽造型、镂空雕花低调奢华的宫灯造型等，均来源于中国传统建筑的“礼乐”思想，古为今用，传承延续，同时也成为酒店本身的价值所在。

作为专属配套住宿会议接待设施，酒店和温泉酒店同根并生，相辅相成。酒店是项目的核心，也是整个世园会配套区域的焦点。酒店主入口垂直开向西侧延康路，形成比较大的礼仪广场，突出了酒店的礼仪地位。多功能宴会厅置于北端，设有独立入口，便于会时及会后多功能使用。客房楼沿延康路、阜康路依次展开，保证 50% 以上的客房拥有世园会景区景观，其余客房拥有内院园林景观。为了更好地满足会时使用和会后运营，两酒店分别独立管理，但功能互补，流线互通，形象互相映衬。温泉酒店风格独树一帜，在延续中式传统风格的同时，又衍变出多样趣味功能空间，如室内外温泉主题馆、儿童戏水乐园、中式禅意温泉泡池、特色温泉餐厅等。

纵观整体，从历史职责和未来发展的角度来看，酒店作为世园会文化元素的重要组成部分，不仅承担着接待服务功能，更重要的是承载着传承中国传统文化、服务社会和组成城市记忆的重要使命。

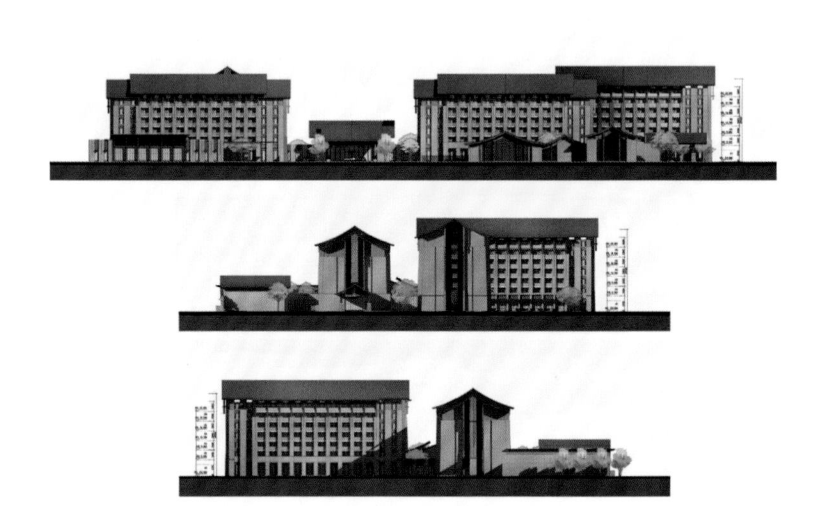

立面图

1. 鸟瞰
2. 沿街西立面人视图

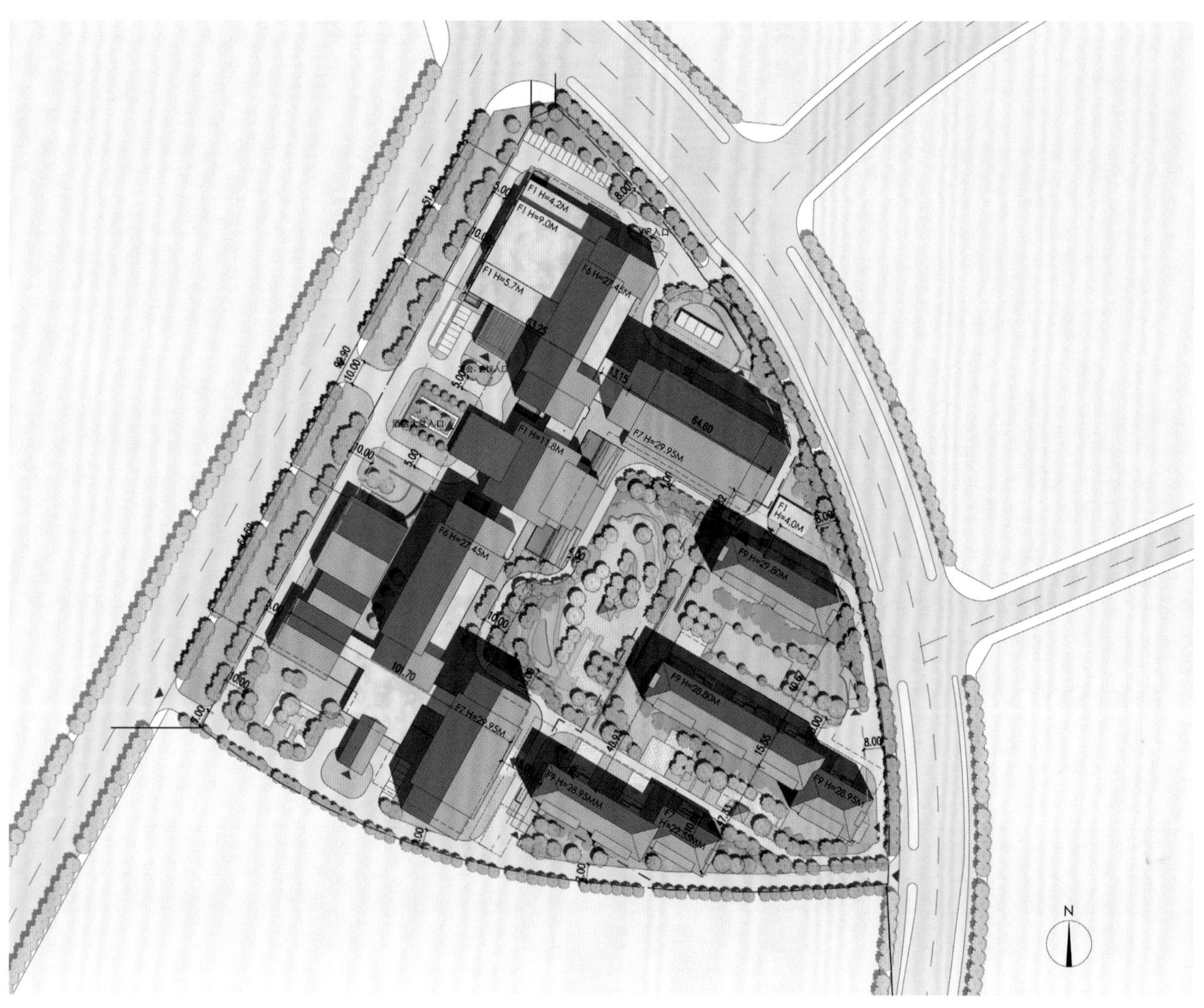
F1 H=4.2M
F1 H=9.0M
F1 H=5.7M
F6 H=27.45M
VIP入口
F7 H=29.95M
F1 H=11.8M
F1
H=4.0M
F6 H=27.45M
F9 H=29.80M
F9 H=28.80M
F7 H=29.95M
F9 H=28.95MM
F9 H=28.95M
F7
H=22.55MM
N

总平面图

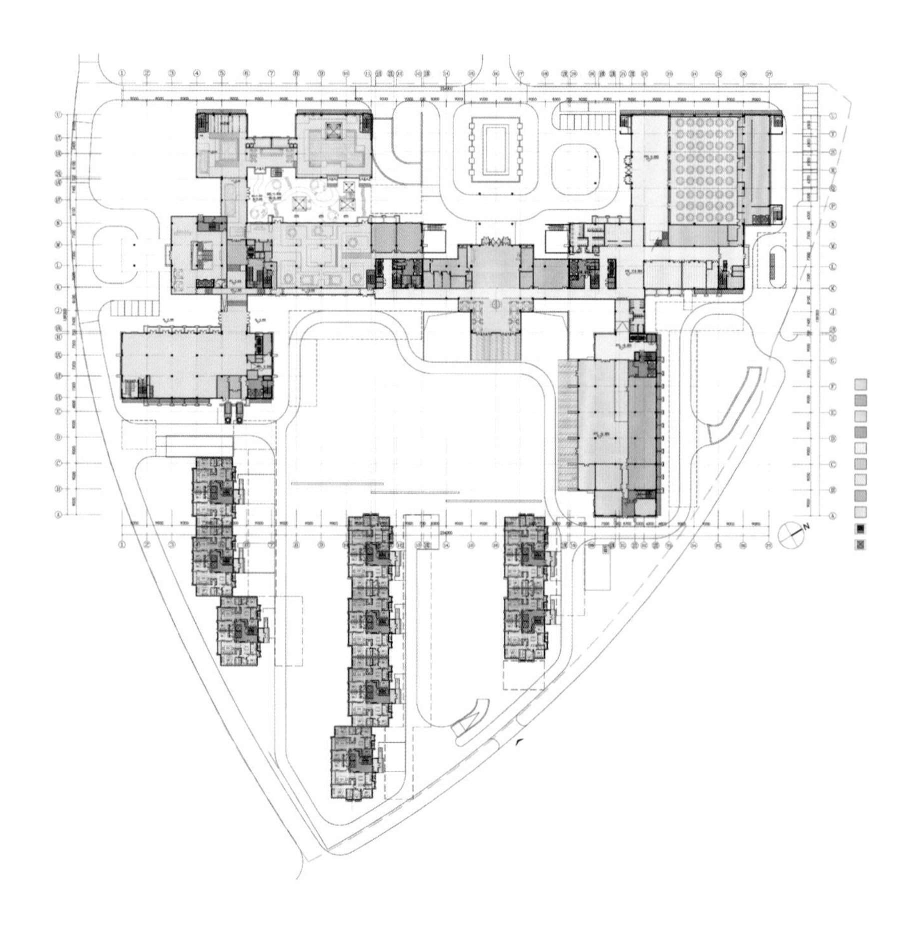

一层平面图

3. 多功能宴会厅独立入口
4. 内院人视图
5. 室外温泉区

3
4
5

6		
7	8	10
	9	11

6. 大堂
7. 多功能宴会厅前观景楼梯
8. 凯悦会
9. 大堂一角
10. 大堂休息区
11. 多功能宴会厅

婺源虹关村留耕堂改造

江西，上饶

设计公司：三文建筑
主持建筑师：何崴、陈龙

建筑师团队：赵卓然、曹诗晴、吴前铖（实习）、叶玉欣（实习）、高俊峰（实习）
照明概念方案：张昕、赵晓波、周宣宇
结构设计：传统工匠、建宏钢构
设备设计：三文建筑

设计周期：2017年4—12月
建造周期：2017年12月—2019年12月
总建筑面积：450平方米
工程造价：450万元
主要建造材料：杉木、旧石板、青瓦、钢
摄影：方立明

总平面图

项目位于江西省婺源县虹关村。留耕堂位于村口，是清末制墨大师詹成圭的第三个孙子詹国涵的宅第。建筑原有空间结构，由东至西分为3个部分：正堂、客馆、厨房，既可独立使用，又可相互连通。建筑与院落通过客馆南侧小门连接，院内有一棵桂树，一棵枣树，一小片竹林。

根据新的使用功能——民宿，先对流线进行了梳理：精简了建筑原有重复的楼梯，将二层3个独立的区域贯通，形成连续的交通流线。然后将公共服务空间和住宿空间进行了分区。将正堂及客馆部分的二、三层定义为客房，共计13间。一层及原先厨房部分作为公共服务及配套餐饮空间，设有书房、琴房、画室、棋室、茶室、餐厅等功能性空间。院落被重新梳理，保留具有空间属性的桂树和枣树，在东南部增加咖啡厅。

设计试图在古建修复和空间创新中寻求一种平衡。对于留耕堂旧建筑部分，采取了克制的设计态度，尽最大可能保持徽州古宅的空间精神。与此同时，通过对正堂、天井、楼梯、餐厅等公共空间的改造，达到民宿功能的舒适性。此外，在局部位置，以可逆方式置入新材料、新形态，活跃空间气氛，形成新老对话。

正堂是建筑原本最重要的公共空间，它往往起到点题的作用。新正堂的公共作用被进一步强化，并结合空间新的功能和风格，重新定义留耕堂新老“主人”的情怀。整个空间以书、画、琴、茶为主题，正堂空间原有的布局被读书空间替换，地面采用架空处理，两边增设书架，阅读回归低坐的形式。原空间保留完好的隔板墙被保留成为空间的垂直界面，与新加入的家具形成对话。正堂高处的匾额“留耕堂”仍居于原处，在点题之余成为整个空间的精神原点。

客馆与正堂平行，两进，南面一进是一个独立的空间。改造后这里被设计为一个家庭套间，有自己的天井和独立的楼梯。北面一进，南低北高，四合，东侧有小门与正堂一跨相连，西侧连接餐厅，南侧两层，北房三层。天井是空间的核心，也是此处唯一“透气”的地方。与周边古色古香不同，建筑师希望引入艺术性元素，活跃气氛。最终，一组“鱼跃龙门”主题装置被悬挂在空间中，金属材料灵动的反射光线，给原本狭小的天井空间带来了灵气。

1. 留耕堂与村民广场及大樟树区位关系
2. 留耕堂航拍

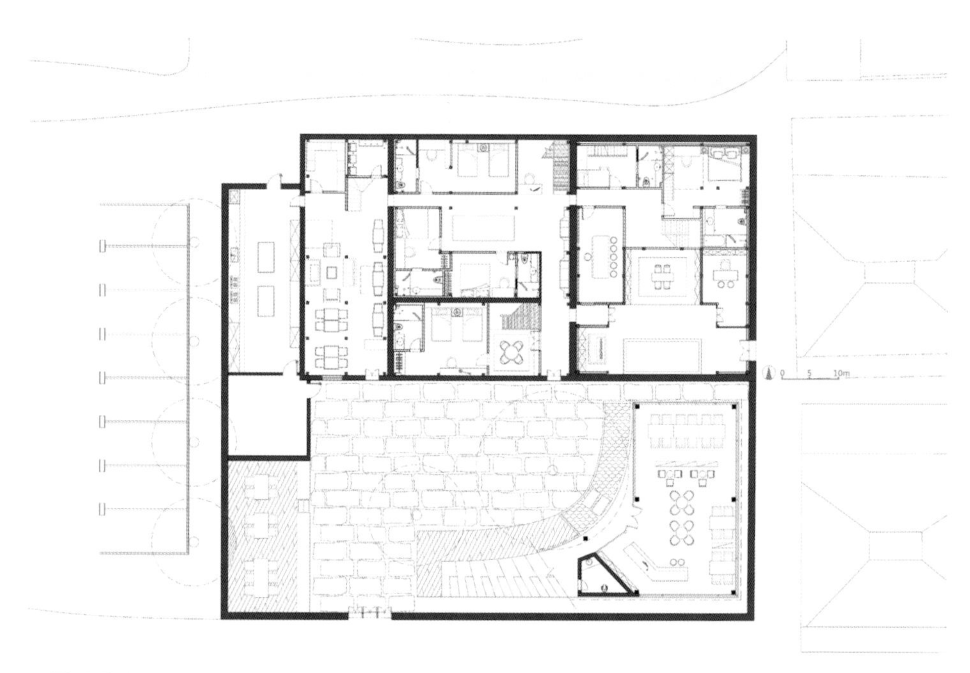

一层平面图

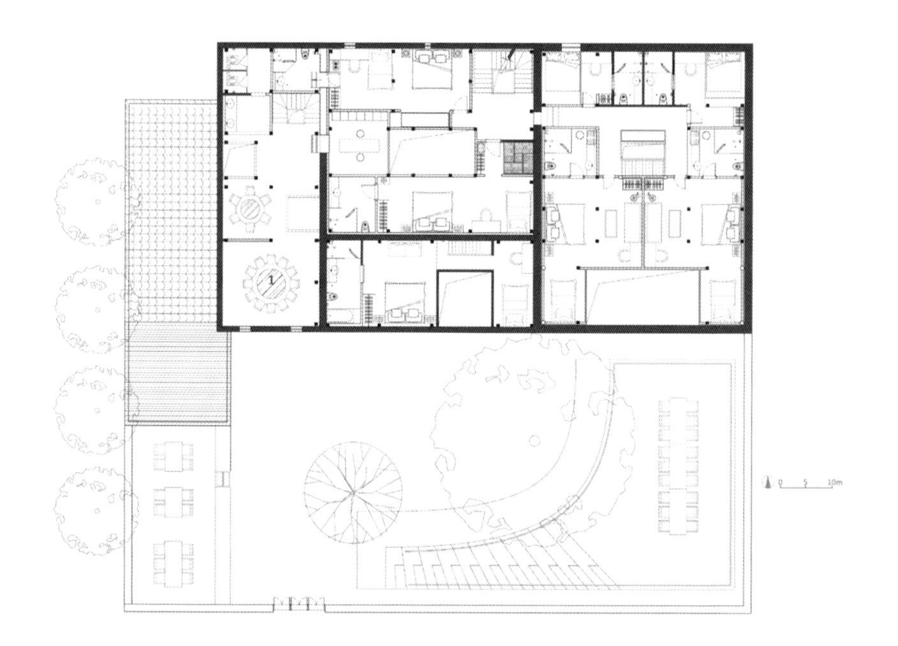

二层平面图

剖面透视图

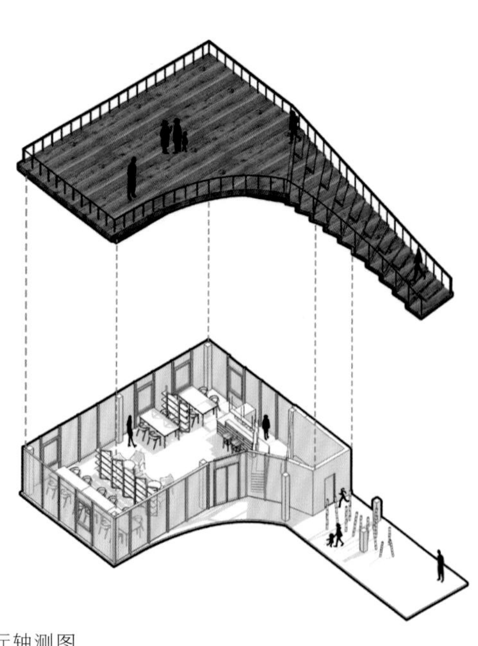

新建咖啡厅轴测图

庭院内增加了咖啡厅。咖啡厅的屋顶平台，可作户外就餐、活动的场所。上下两个空间通过一个优雅平缓的阶梯连接，既强化了新建筑的特征，突出了老宅主体性，又为本身平淡的庭院提供了竖向维度上的丰富体验。阶梯下部较低矮的区域，利用竹子创造了竹林的意象，回应了场地中原有的竹林，也为儿童提供了游戏空间。

3 | 4
5

3. 庭院入口
4. 从新建筑入口看向旧建筑门头
5. 留耕堂庭院空间中的新旧建筑关系

6
7
8
9
10

6. 家庭套间的天井和独立楼梯
7. 在正堂东南角放置琴案
8. 正堂对景及山水意象的艺术装置
9. 正堂空间原有的布局被读书空间替换
10. 餐厅一层的手工壁炉为空间增加了农家的气氛

11
12 13
14
15

11. 新建咖啡厅室内
12. 正堂空间回归低坐的阅读形式
13. 棋室空间中隐藏的“一轮满月”
14/15. 客馆三层大客房

山鬼精品酒店改造

中国，重庆

设计公司：寻常设计
主持建筑师：林经锐

建筑师团队：王坤辉、温馨、吴文权、卢百桷
结构设计：沈秀将、姚松柏

设计时间：2018 年
建造周期：2018—2019 年
总建筑面积：4300 平方米
主要建造材料：混凝土、钢、金属网、玻璃、外墙漆、大理石
获奖情况：2020 年金瓦奖最佳建筑奖及首席评委大奖
2020 年国际设计传媒奖年度酒店空间大奖
摄影：Tim Wu、Yilong Zhao、盒子传媒

山鬼精品酒店解放碑店的建筑及室内设计由杭州的寻常设计担纲，由主持建筑师林经锐操刀。项目位于重庆市渝中区枇杷山后街影视产业园旧印制一厂，两幢主体建筑顺应地势，一前一后，高低有序地坐落于坡地之上，直面壮美长江，俯瞰两座大桥之间的绿洲，饱览城市天际线。

愿望与类比：嫁衣的裙摆

因场地中带有历史感的工业建筑与开阔的江景，经常会吸引崇尚个性的游客来拍摄打卡。这提醒了建筑师团队在设计中结合影视文创以及既有婚纱摄影业态，将项目升级打造为针对年轻人群对于“爱情”这一主题的艺术美学空间，这一定位呼应了山鬼精品酒店的品牌调性。

新娘嫁衣舞动的裙摆是美妙的经典场景，如果把老厂房比喻成待嫁的新娘，那么设计任务就是为之设计一件合宜的嫁衣，轻盈而柔软地连接起两幢老建筑，使得老厂房空间呈现出全新的面貌。

薄壳结构与金属幕墙构成的“裙摆”创造出一层集合酒店接待、休憩与多功能厅的开放服务空间，飘浮为顶，下落为幕，抬升为厅，下沉为梯，旅客可以在裙摆之上游走，形成一条多变的观景路径，还原了山城的空间体验。

新旧对话

老厂房的更新设计既有大刀阔斧式的创造性改变，也有小心翼翼地保留历史记忆，新旧并存。新建的部分如同画布，白净轻盈，与粗糙的老墙面或裸露的水泥梁柱相互对比烘托着。试图创造一种情境：身处酒店，既能感知改造后的当代美学，也能回忆起老厂房作为工业遗存的历史美学。

基地平面图

改造前

1. 项目概览
2. 客房立面外观

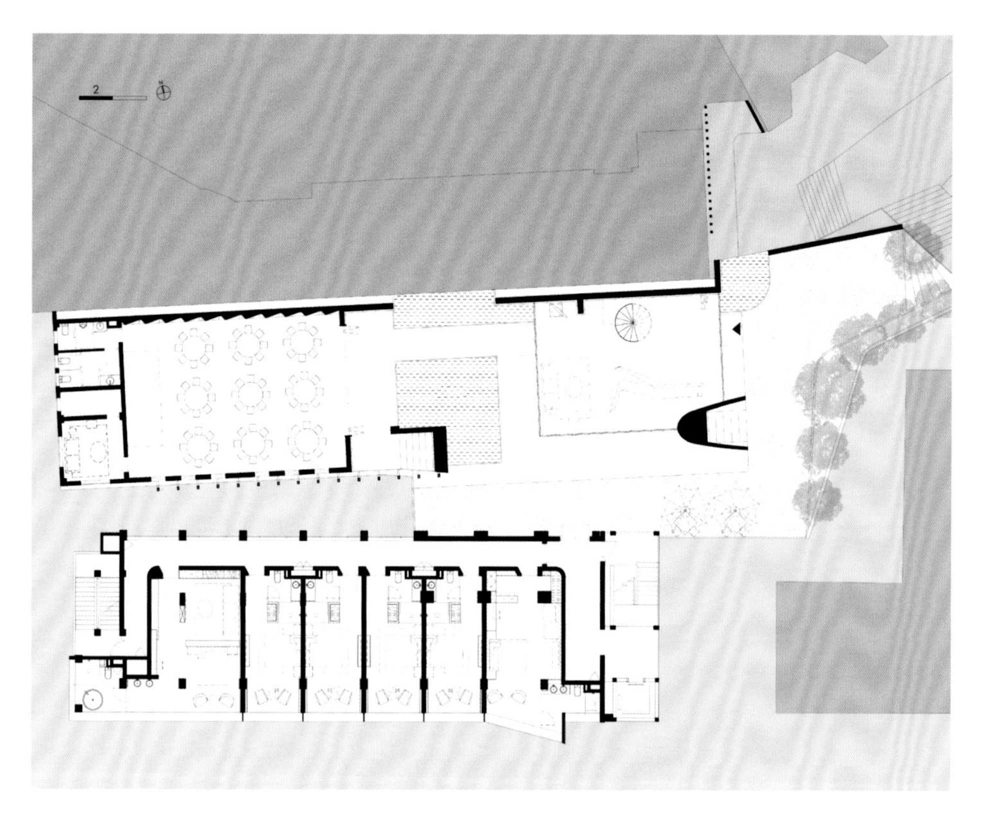

一层平面图

建筑分解图

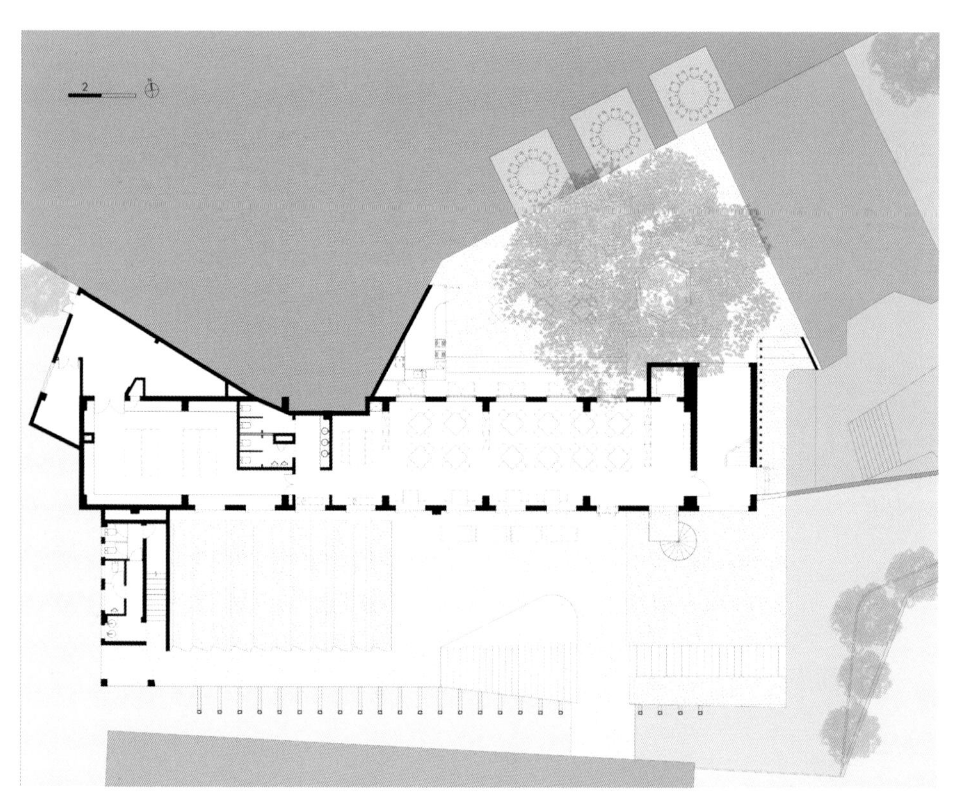

主要平面图

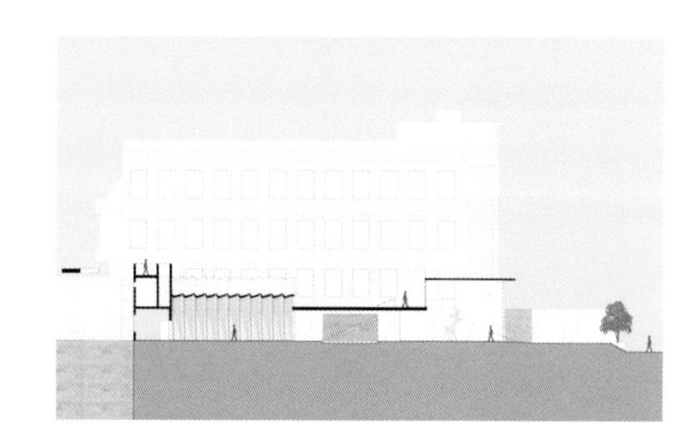

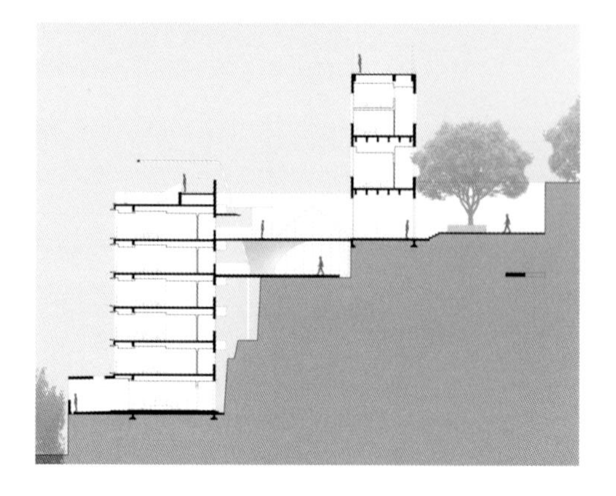

建筑剖面图

3 | 6
4
5

3. 改造后
4. 夜晚入口阶梯
5. 二层活动平台
6. “裙摆”

老厂房青砖立面有较好的历史与美学价值，在保护性修复之余，仍然作为建筑立面使用，寻常设计认为这不仅仅是一种岁月的仪式感，更是再度赋予生命，可以触摸，可以感知四季的变迁。

北侧的后院是一个浑然天成的诗意空间，老墙上的爬山虎，还有那一砖一瓦都是历史的记忆，尤其是万缕阳光穿过茂密枝叶洒下的斑驳光影更是自然与岁月赐予的财富，寻常设计希望延续的是它的故事，它的独一无二。

光影礼赞

光，一种不可或缺的设计素材，自然的抑或是人工的，恰到好处的设计能让光影不止于功能，更能创造精神意境里的愉悦。例如中庭水院的采光天井和礼堂的屋顶天窗不仅补充了照明，细长而有序的几何形态还勾勒出抽象的光影矩阵，引领心灵通往星辰。

诗意的栖居

寻常设计将酒店定义为一个微型的山水城市，同时也充满了栖居的艺术。在这里可以闲散的游走于大堂和水院之间，置身艺术礼堂，感受别样光影。当夜幕降临，华灯初上，在屋顶的无边泳池里一边畅游一边拥抱城市夜景。回到客房，可以不拉上帘子，只为枕着长江之景入眠。落成后的山鬼精品酒店由老厂房蜕变而来，融合了老厂房的故事与山城的景致，是对度假酒店别样体验的勇敢创新，希望这个改造项目能为当下的都市更新和旧房改造带来一些参考意义。

7. 通往屋顶的楼梯
8. 中庭休息区
9. 大堂接待区
10. 多功能礼堂

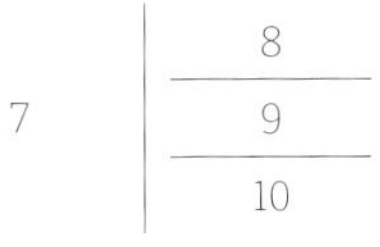

重庆拾山房精品酒店

中国，重庆

设计公司：重庆悦集建筑设计事务所
主持建筑师：李骏

建筑师团队：何飙、田琦、胥向东
结构设计：王源盛、刘鹏
设备设计：吴猛

设计周期：2017 年 3—12 月
建造周期：2017 年 11 月—2019 年 9 月
总建筑面积：2200 平方米
工程造价：3000 万元
主要建造材料：混凝土、夯土墙、钢、木
摄影：偏方摄影、李骏、田琦

项目位于重庆巴南乡村海拔近 800 米的台地之上，用地背靠松林，面向梯田和悬崖，属于典型的西南山地丘陵地貌，环境优美，视野开阔。临崖云海、茂密松林和层层梯田赋予了项目独特的景观资源。

项目为乡野主题的休闲度假酒店，建筑主体采用分散围合的方式进行布局，把场地中相对平整的部分用于入口景观和停车场地，建筑分散布局在坡地之上。其中作为客房的主体建筑临崖布置，舒展的条形体量配合各个方向的观景平台从茂密的松林间向层层跌落的梯田山谷伸展开来，同时利用折形连廊与接待部分组合成 U 形院落，把云海、松林和梯田这 3 个自然要素有机串联起来。

除了借助专业团队修建完善的污水处理系统和中水灌溉系统之外，项目还通过对旅游度假建筑与乡村生态环境的深度思考，建立一套相对完善的乡村景观生态系统。以“云上云丘”为主题打造了入口野花草甸、松林生态互动、临崖云海花园和梯田湿地生态等区域生态景观，营建了丘区生态走廊、梯级多塘湿地、鸟类鱼虫生态环境和垂直绿化生态系统模拟等项目，在满足游客特别是青少年游客野趣漫游体验的同时进行了生态科普宣教，也探索了乡村建设当中的生态维持和生境再造课题。

在建造技术上运用了土墙的元素进行创作，对西南地区农房常用的夯土技术进行实践探索。把运用传统技术的人工土墙、借助现代模板技术的新型土墙和装饰层面的抹泥外墙有机地结合在建筑和环境的建造当中，对传统土墙技艺的继承与发扬进行了有益探索。

1. 建筑与周边环境
2. 航拍鸟瞰

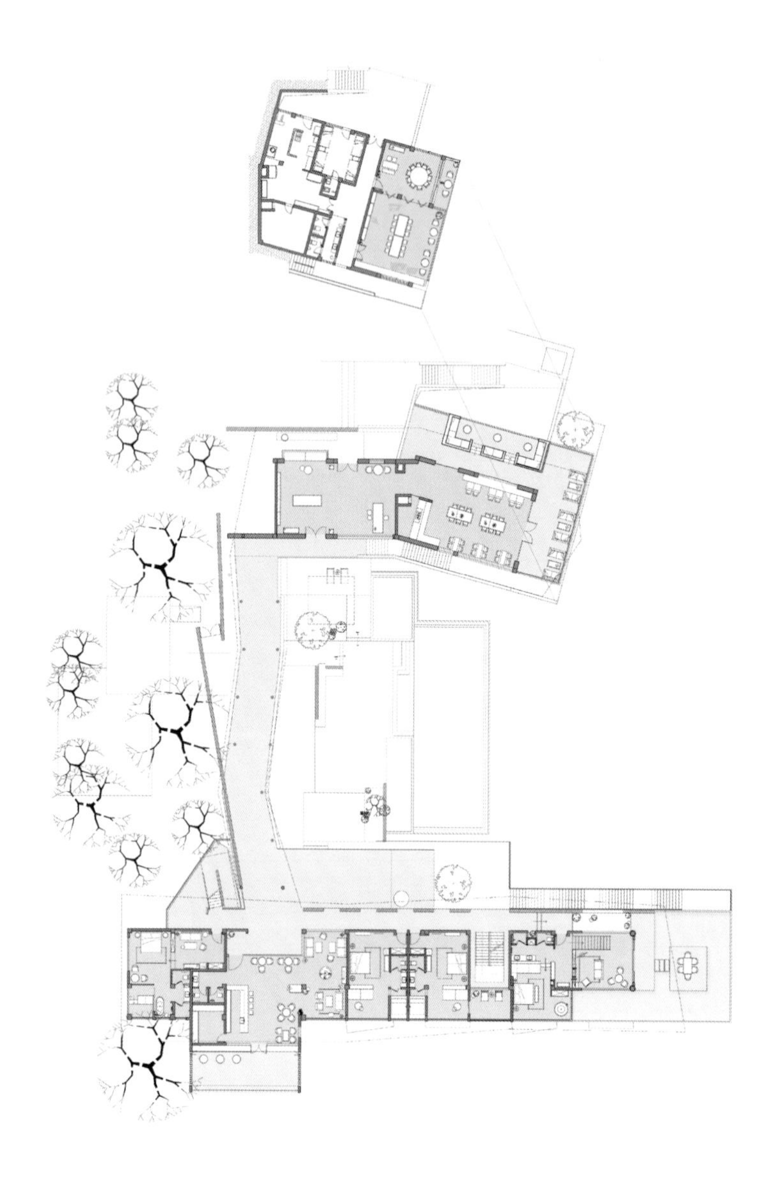

总平面图

模型照片

轴测分解图

3. 梯田视点
4. 庭院
5. 房间露台

6 / 7 / 8 | 9 / 10

6. 外观局部
7. 走廊
8. 走廊
9. 接待厅
10. 咖啡厅

林盘行馆

四川，成都

设计公司： RSAA/庄子玉工作室
主持建筑师： 庄子玉

建筑师团队： 任中琦、喻凡石、魏熙、陈俊刚、刘力源、叶子辰
室内设计： 李娜、赵欣、谢欣慧、靳若兮、范宏宇、星梦钊、郭镇荣、汪宁（实习生）、张雪楠（实习生）

设计周期： 2018—2019年
建造周期： 2018—2019年
总建筑面积： 5134平方米
工程造价： 5000万元
主要建造材料： 拱瓦、青砖、铝合金门窗、双层中空玻璃幕墙、软瓷吊顶贴面、科技木格栅、软瓷贴面、清水混凝土、防腐实木板、深灰色铝板亚光氟碳喷涂、玻璃栏板
摄影： 存在建筑摄影

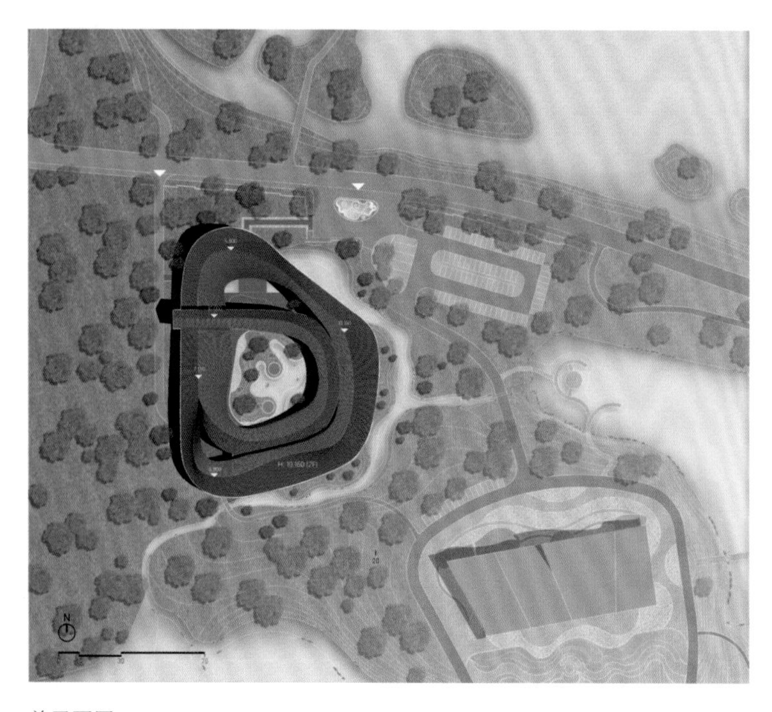

总平面图

成都市下属的崇州市历史悠久、文化底蕴深厚，滋养了陆游、杜甫、王勃等文人墨客的璀璨诗篇，传承着川西古风、古韵和古貌。林盘，作为一种川西地区由来已久的居住空间形态，融合了本地的气候特征、人文特质以及本地人群的居住习惯、生活方式等诸多元素。项目旨在将林盘原型与中国画的散点透视阅读方式在空间层面进行一系列叠合重组，以期在建筑的内外体验中获得更丰富的空间变化和叙事可能。

项目地处崇州市白头镇石滚堰，基地北邻桤木河湿地公园，东临公园接待中心，周边农田遍布，环境优美，气候宜人。项目在基本条件上具备了独一无二的优势。基于这样的环境意象，建筑方案设计以大量针对川西民居的研究为起始，在这个传统原型中，有屋、有院、有林、有水、有田……它满足了一切人们对传统生活居所需求的想象，甚至是当代都市人群田园生活的样本。 据此从类型学分析的角度确定了方案中应该存在的“屋+院”“屋+树”“屋+田”“屋+屋”“屋+檐”“屋+水”等几种原型组合方式，并在之后的设计中加以拓展和转译。

中国山水长卷中对于景观与空间流动感的营造和上述林盘空间类型样本的重组，是在项目中尝试的另一种空间可能。中国山水长卷中的散点透视画法，在一幅画作中展示了多重空间叙事叠合的可能性。这与当下项目开发所面临的多元需求，灵活多变、多重场景的运营诉求不谋而合。 在一个长轴的空间中，许多故事、事件与生活如画卷般徐徐展开。

在之前的项目铜陵山居中，对类似的叙事结构与空间组织方式有过类似的尝试。檐下空间与山体的呼应，卧室交叠的外墙、一分为二的屋脊与庭院、入口挑高的铜门、末端飞檐与山体的对话，这一个个独立的故事线索成为在横向关系里连续的画面。

作为叙事的载体，铜陵山居的展开面显然十分有限，林盘行馆作为建筑体量几十倍于铜陵山居且功能形式更为丰富多样的酒店业态，其“画卷”俨然需要更宽广的纵深。于是在设计之初，结合地块的基本功能划分和排布，设计一套与功能体块相对应的“功能长卷立面”，这其后是不同功能所对应的空间叙事体系。

屋檐作为一个重要的空间整合要素，将二维化的“功能长卷立面”在三维空间上进行多向延展。在这一系列的空间交叠关系中，传统林盘背山望水，林木其间，屋院融合的空间特质得以再现，同时丰富的空间变化给建筑带来了非常当代的空间体验与全新的空间类型。

1
2

1. 林盘行馆与稻田
2. 从西南角稻田望向林盘行馆

平面图

西立面图

北立面图

在其中，屋、檐、田、水、树以及人，都变成这卷曲长卷中流动的元素与意象。建筑的体验者与建筑元素、自然元素在此融为一体。

项目的主要功能由接待、住宿、休闲、餐饮、文化等几大部分构成，并通过类环形的流线设置形成明确的功能分区。方案最大化利用了红线内的土地资源，在满足退线和必要的交通空间要求后形成最大化的建筑基底，基于传统川西林盘体系中的空间模式来组织功能体块，鳞次栉比，绿树其间，水系环绕。

从入口处将功能设定为由公共性至私密性环绕排布，并通过中庭空间的景观处理形成相对的公私区域划分；功能分布同时回应场地不同方向的环境因素：面向西岭雪山出挑的展厅，面向稻田景观展开的客房，面向街面展开的入口庭院，面向内庭院形成的内檐口游廊与活动大台阶。建筑与景观穿插交互，不同功能相互独立而又互为呼应，和林盘原型中的空间形式类似而又更具当代的空间品质感。

连续的屋面体系如游龙穿梭，传承了川西建筑的灵魂。建筑在平面和剖面上相互重叠、穿插，形成丰富的室内和室外空间。同时，由于内部卷曲的檐口和功能流线，传统矩形进院体系的院落空间得以异化成为多个具有独特空间属性的分属小庭院。竹林、小型造景、建筑外层的稻田和穿插于建筑的水面共同构成了建筑群的景观基底，形成了林中有屋、屋间有林、屋旁有田、田中有林的多层次景观空间。最大限度地通过设计方案将川西林盘的景观体系浓缩在基地中，在满足功能需求的同时，得到了屋院结合的人文自然建筑空间。

在这种意义上，林盘行馆是一个既当代又传统的建筑样本，一个林、田交错的景观模式，一个在成都市郊，人们体验过去与未来交会的新去处。

3. 叠檐檐廊
4. 从西檐廊望向前后叠合的重檐
5. 被檐廊环抱的中心庭院

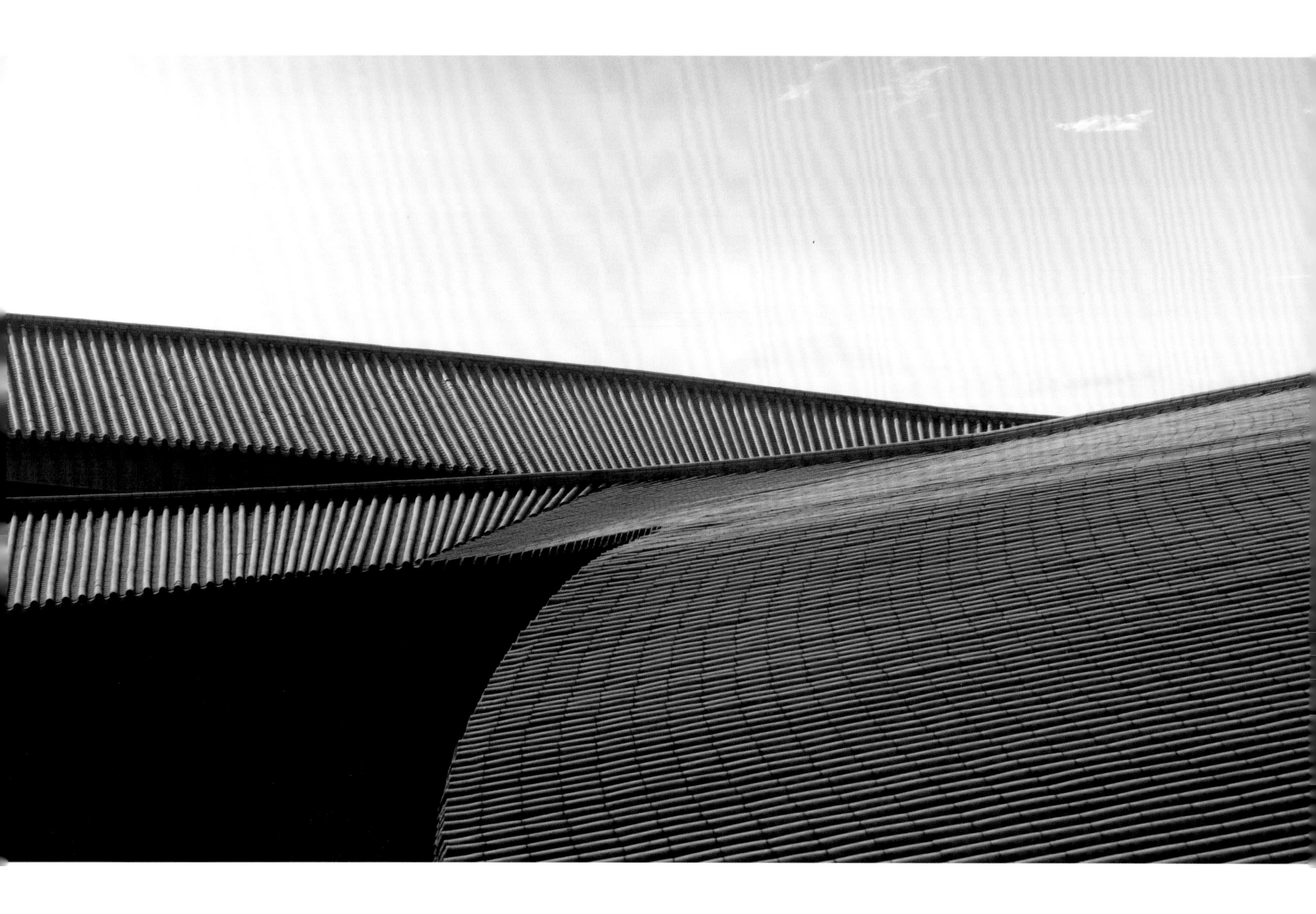

6. 前后交错的曲面屋顶
7. 中心庭院夜景
8. 餐厅夜景

6 | 7/8

华为南京研发中心

江苏，南京

设计公司：AECOM
主持建筑师：钟兵

建筑师团队：修伟、张松、蔡洋涌、褚彬、程玲、方小军、刘益文、陈金龙、余伟胜、范娅琪、李昕、谢冬冬
结构设计：常非、王国安、任凯、邢琦、谭农超、李远辉、陈鋆翔、刘岗怀、梁思乔
设备设计：陈劲松、王力成、肖雪、夏俊涛、黄宏业、陈新强、张玉珠、高珊、杨发根（给排水）
林秀军、曾志光、朱梅、陈京凤、徐峥、钟玮、林慧媚、于振峰、汤健、王春霞（暖通）
王红梅、阳嵩、刘海花、陶又搪、杨庆伟（电气）
景观设计：沈同生、陶练、顾济荣、刘小丹、赵维农、黄宇驾、时洋、张莉
室内设计：杨正茂、余蔡宝、刘苗苗、张震

设计周期：2012—2018 年
建造周期：2015—2019 年
总建筑面积：149,485.36 平方米
工程造价：7.4 亿元
主要建造材料：Low-E 中空玻璃、铝板、彩釉玻璃、防腐木板
获奖情况：深圳建筑设计奖金奖
工程建设项目绿色建造奖二等奖
摄影：张学涛

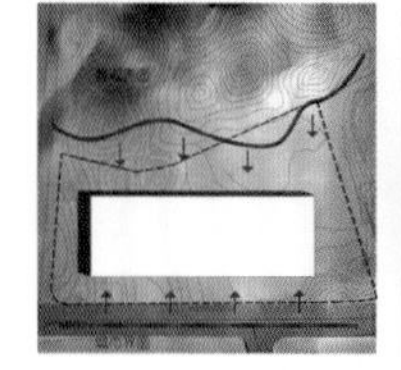

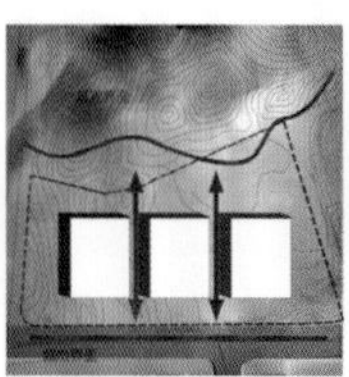

自然和城市联系

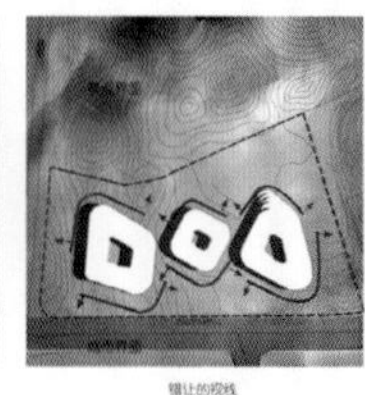

错让的视线

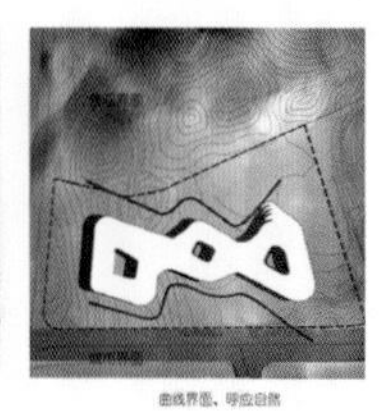

曲线界面、呼应自然

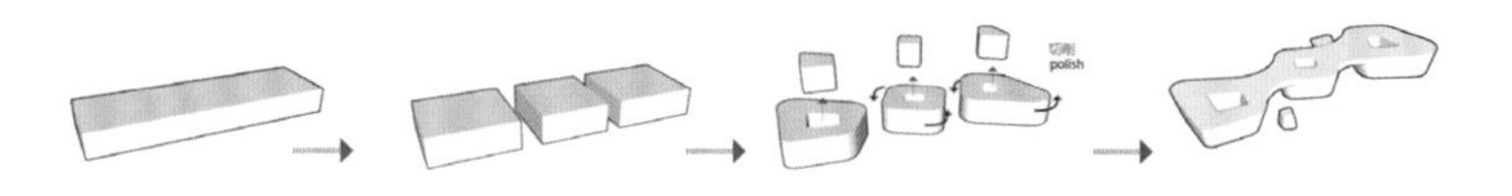

设计衍变

华为南京研发中心是世界顶尖的科技创新企业的重要研究机构之一。AECOM 的多专业团队，历时 6 年完成该项目一体化设计（建筑、景观、室内）的全程服务。

嵌入场地 + 融进自然

基地紧邻雨花台景区，为自然丘陵地貌，顺应坡向营造 6 米高差的两组台地，将建筑有机嵌入场地，低处衔接已建园区，高处通往自然坡地，最大限度保留场地记忆。

对话之门 + 云之连廊

为了分散体量和减少对视，将 7 万平方米的空间拆解成 3 组建筑，做适度扭转，在第五层空中由 30 米巨大跨度的“云廊”将它们连缀成一体。形成“空中共享层”，同时营造有顶盖的半户外广场，让“景区”与“园区”产生对话。

风之庭院 + 梯田露台

为改善南京相对湿热的“微气候”，3 组建筑均植入开放式的内院或有顶盖的中庭。其中 5 层通高的高敞阳光中庭成为垂直方向的共享与互动场所。每层利用退台与出挑的方式，形成模拟自然形态的梯田露台，让使用者与周边自然有对话的机会。

灵活生长 + 复合共享

将 3 幢研发楼的标准层以 1500 平方米为级差，设计为 2000 平方米、3500 平方米、5000 平方米，以容纳不同规模的团队。同时依据不同空间特性，设计成垂直方向上的“复合社区”。地下室为实验室与停车场；利用半地下层的大进深空间，前区设置开敞且有外部景观的员工餐厅与咖啡休息区，后区为厨房与配套服务；一层与半地下层有双入口，让使用者可以从不同标高进入，同时作为展示空间；第五层的“云廊”将培训、健身、会议、图书馆等共享空间集于一身；屋顶为视野开阔的空中花园。员工可以在不同楼层享受丰富的空间体验，完善的人性化服务。

一体化设计 + 全过程服务

AECOM 的 3 个主干专业建筑、景观、室内高度密切配合，以激发彼此的创意和保证协调性。室内设计以明黄与橙红等明度较高的色彩强化互动交流空间，将“云廊”层的双层大楼梯设计成开放的阶梯教室般的演讲空间。景观设计则充分利用被保留的自然坡地与原生植被，营造出疏林草地、休闲台阶、台地庭院、跌落水景等多个主题，并在多个实施节点严格控制，解决施工现场问题，让概念创意有高品质呈现。

1. 鸟瞰
2. 主体立面

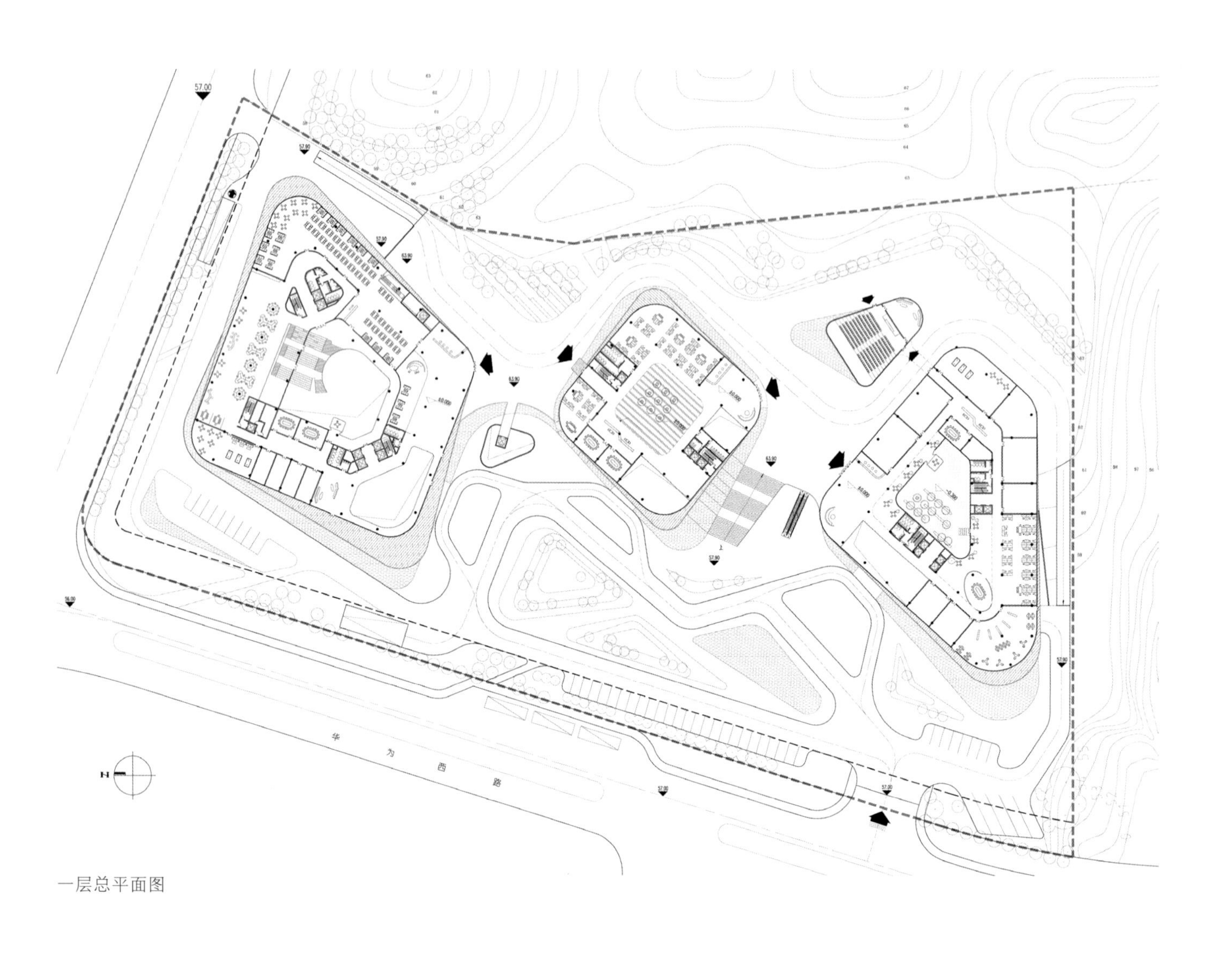

一层总平面图

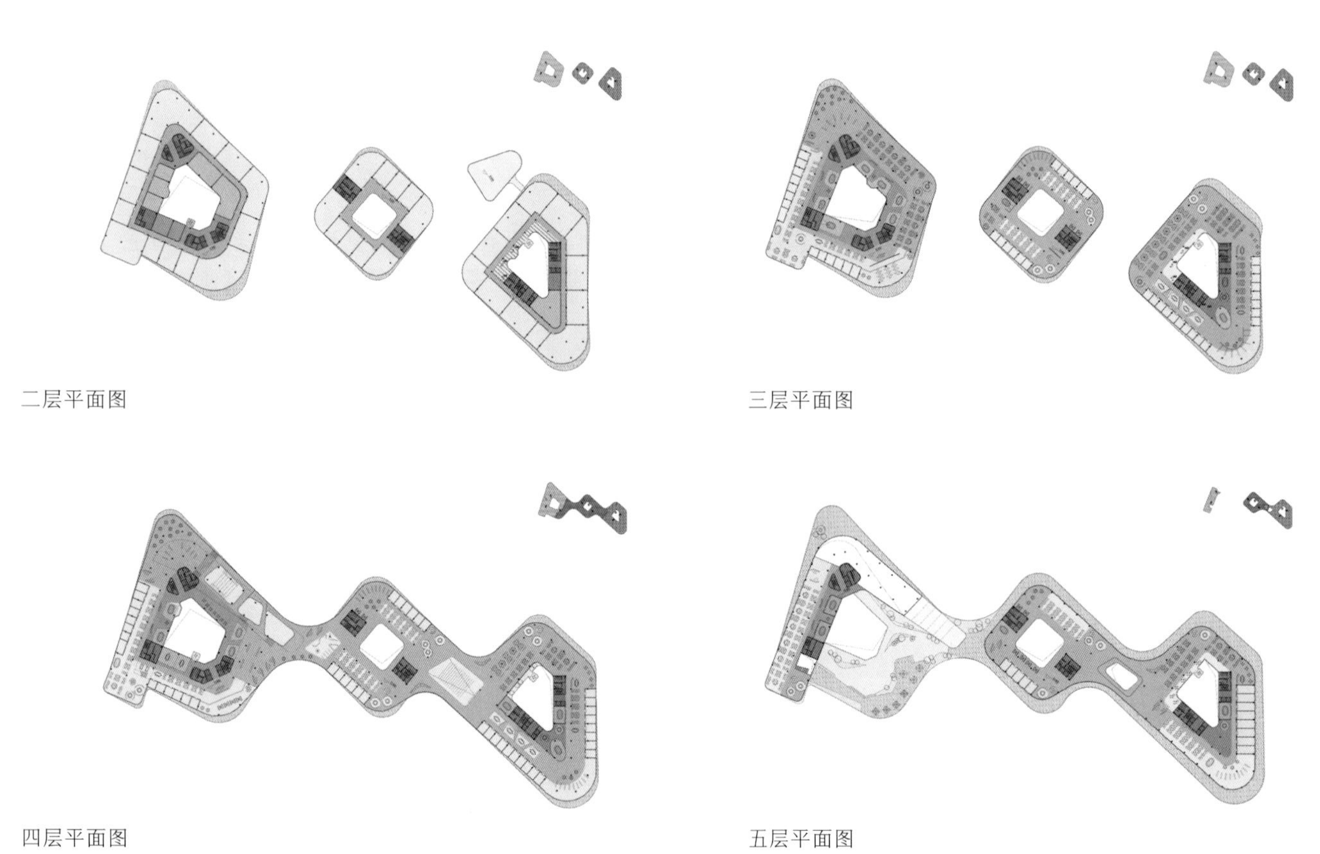

二层平面图

三层平面图

四层平面图

五层平面图

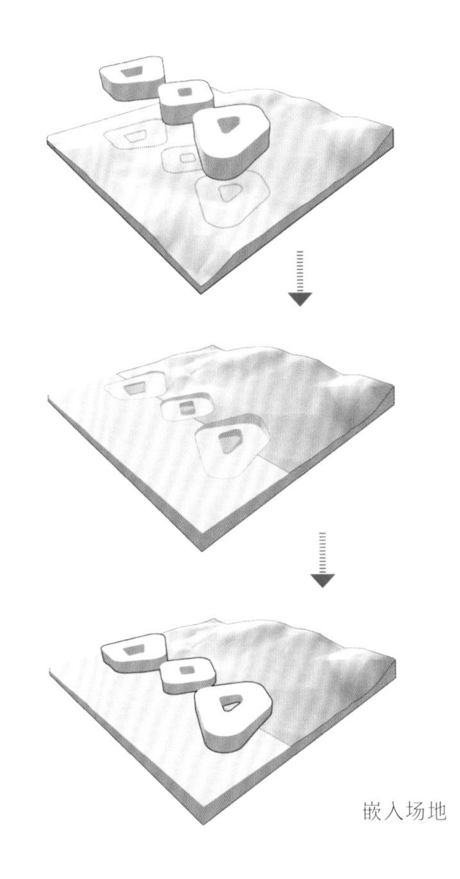

嵌入场地

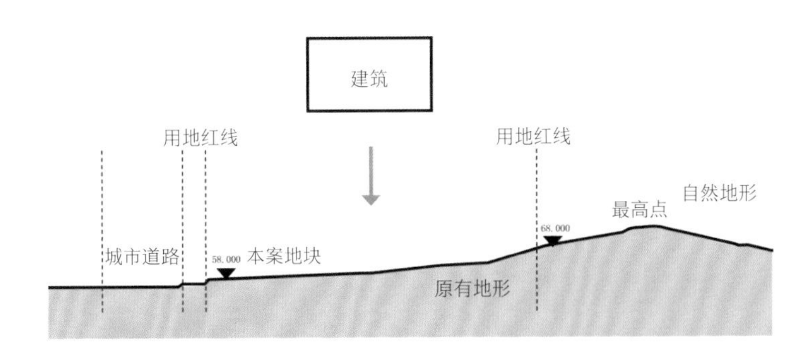

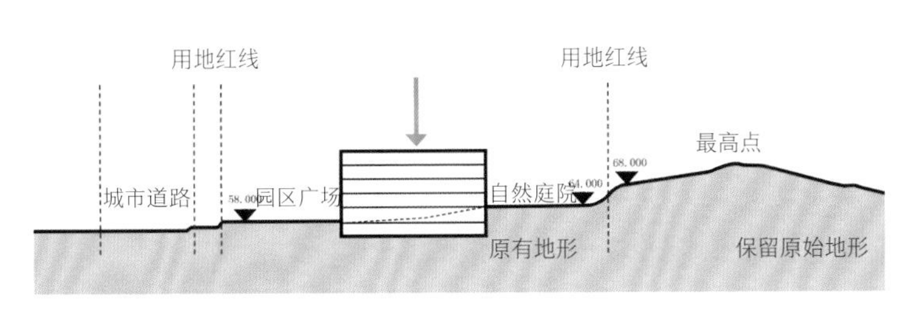

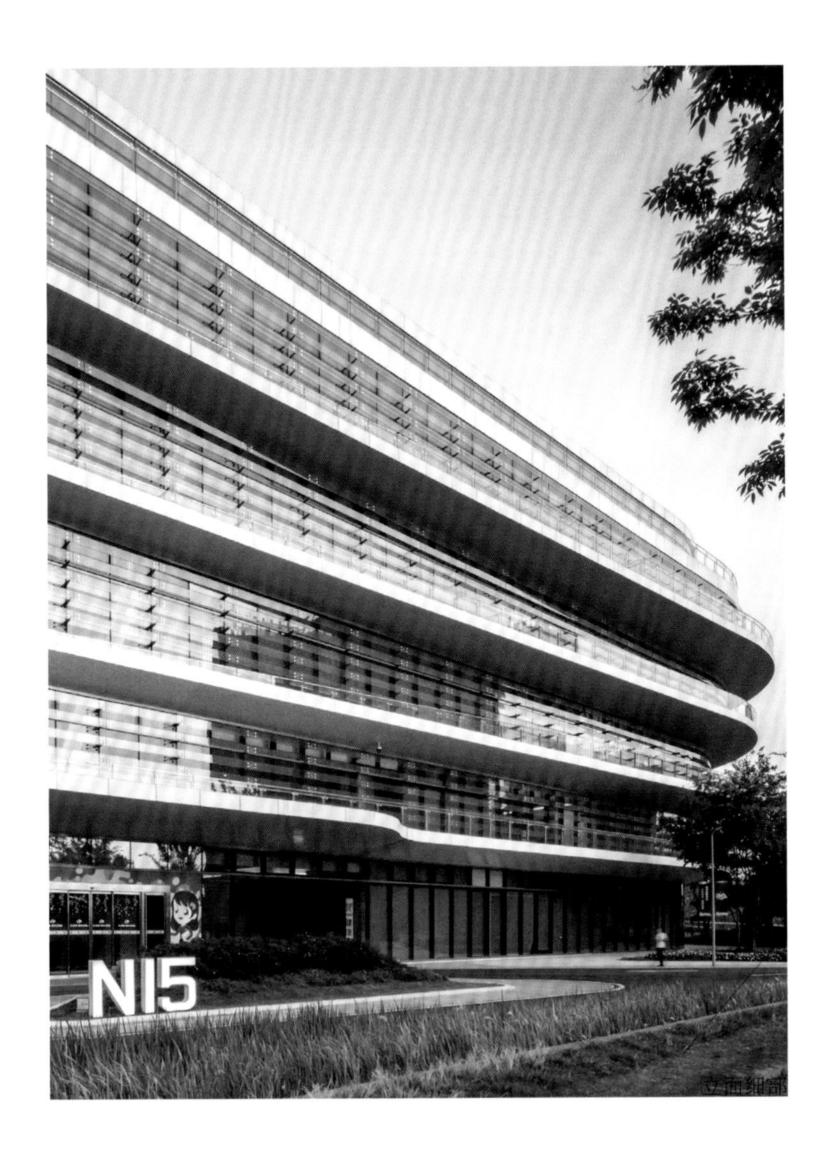

立面细部

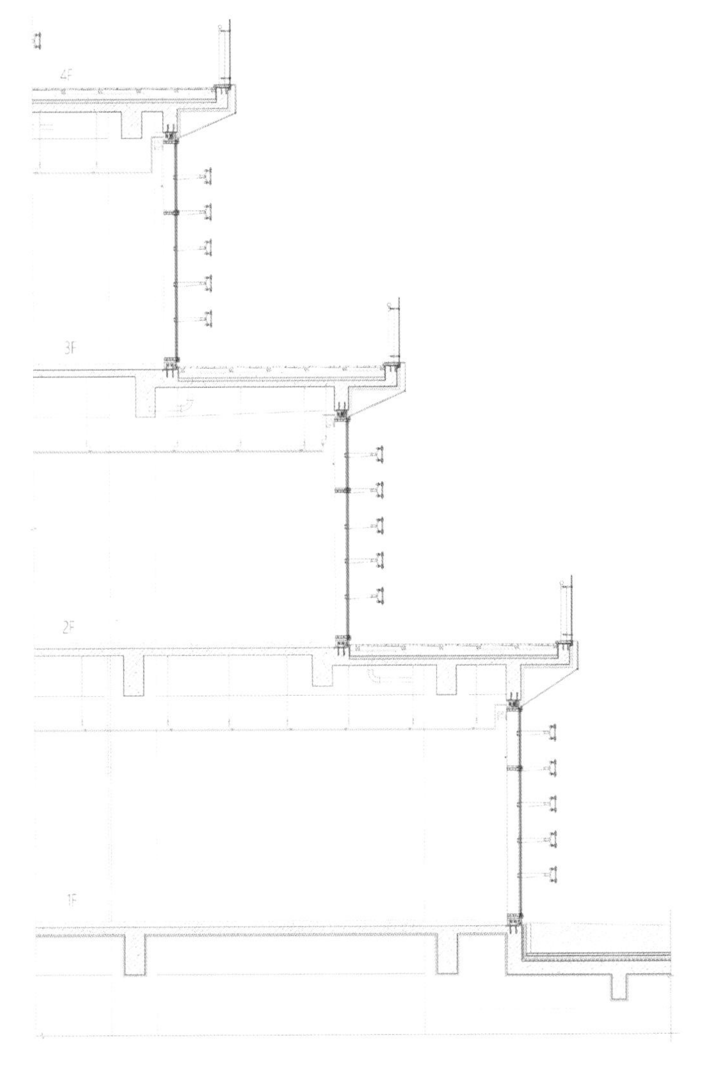

节点详图

3	5	7
4		8
6		

3. 曲线造型
4. 对话之门
5. 云之连廊
6. 下沉广场
7. 风之庭院
8. 建构之美

结语

主持建筑师、AECOM中国区建筑设计副总裁钟兵先生说:“华为南京研发中心的设计,以回归场所、地域、企业文化、使用者需求为基本出发点,用系统、理性、完整的设计策略来实施,通过跨专业的全生命周期服务得以实践。我们与客户共同构筑具有前瞻性、地域性及人文关怀的空间,用灵动的空间去激发创造力,用精致的建筑去表达企业对品质的追求,用融入自然的设计构筑人本体验。”

9. 桁架廊道
10. 阶梯教室
11. 模块化办公
12. 咖啡吧
13. 5层通高阳光中庭

9
10 11 12
13

雄安设计中心

河北，保定

设计公司：中国建筑设计咨询有限公司绿色建筑设计研究院
主持建筑师：崔愷（设计指导）、刘恒（设计主持）

建筑师团队：徐风、倪斗、张维蕊、杨明、张崴、杨力吉、黄剑钊
结构设计：韩玲、祁润田、金辉、李智博、吴启铭
设备设计：洪伟、经久松（给排水与海绵）
王平、曾学柏（暖通）
龚小亮、宋海彬（电气）
李天阳、刘敏、吕南（绿色咨询）
景观设计：尹迎、李润泽
室内设计：徐涵涵、黄鸿、霍红岩

设计周期：2018 年 3—7 月
建造周期：2018 年 7 月—2019 年 1 月
总建筑面积：12,317 平方米
工程造价：4600 万元
主要建造材料：混凝土、钢材、木塑复合生态板、金属网
获奖情况：中国建设科技集团优秀工程设计奖二等奖
摄影：张广源、夏至、林半野

雄安设计中心是由中国建设科技集团与同济大学共同投资，由中国建筑设计咨询有限公司绿色建筑设计研究院设计、建设、施工、运营的一体化项目。项目利用原有澳森制衣厂生产主楼进行改造，旨在为先期进驻雄安的国内外设计机构提供一个办公场所与交流平台，对未来雄安的发展具有引领示范意义。改造建筑总规模约 12,317 平方米，原有主楼 1 ~ 5 层主要功能为租赁式办公，加建部分包含了会议中心、展廊、会议室、餐厅、图文、共享书吧、屋顶农业、零碳展示馆等配套功能，是未来雄安设计、艺术、文化、展示和交流的窗口。

在项目整体改造策略上，方案遵循崔愷院士提出的“微介入式”改造方向，以回归本原的绿色设计为导向，通过绿色生态空间建构、智慧共享社区营造等设计手段，积极响应国家关于雄安新区“生态优先、绿色发展”的整体定位。通过生长理念营造共享的活力社区，以现代手法延续中国传统院落空间和集群组合的意念。低成本的生态化建造过程全面应用了绿色材料和结构体系，如装配式钢结构、一体化外幕墙、木塑复合生态木板、矿物质无机涂料等。并借助创新定义的室内外过渡空间打造的阳光外廊、形成的空气间层使得室内办公区能耗降低达 42%；能源循环方面，设计围绕光、电、水、绿、气 5 类能源构建自平衡循环系统，并将改造拆除过程中的废弃砖块、玻璃捣碎填充，重新形成由建筑废渣建构的景观片墙。

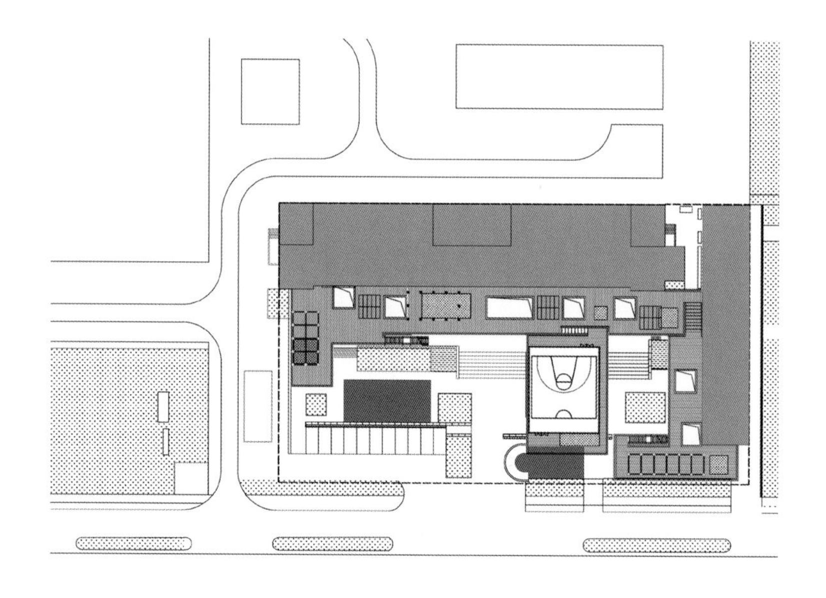

总平面图

1. 改造后园区鸟瞰
2. 沿街立面

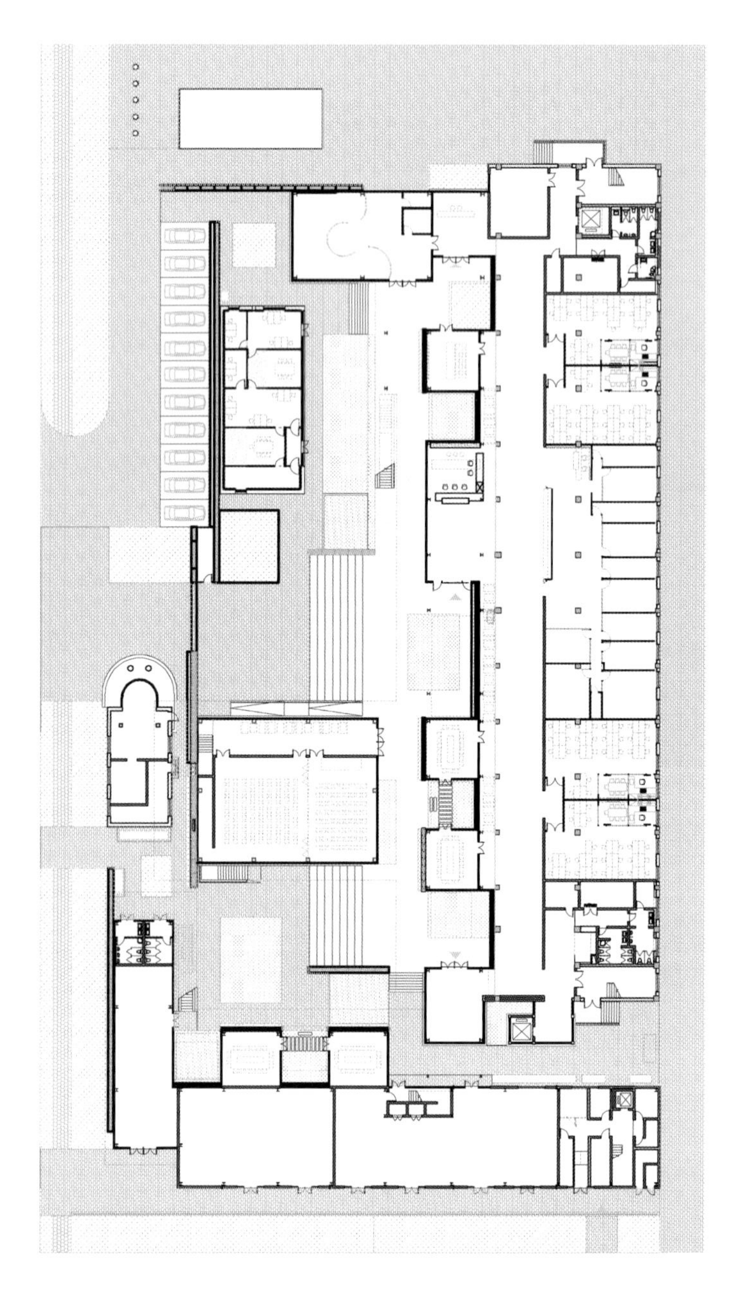

一层平面图

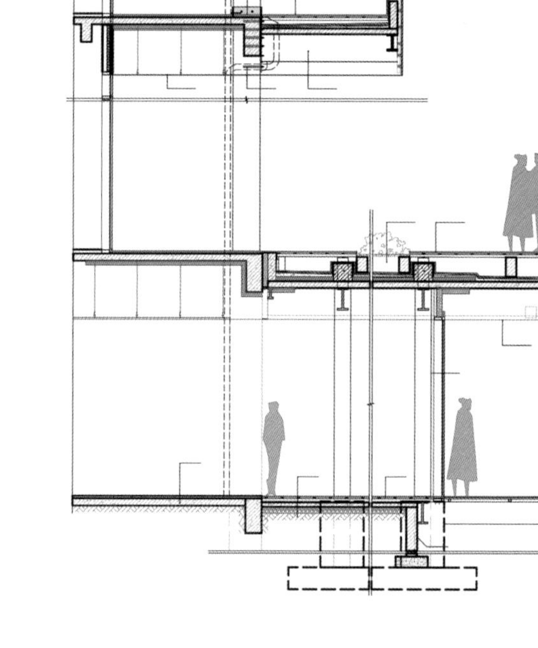

空中平台大样图

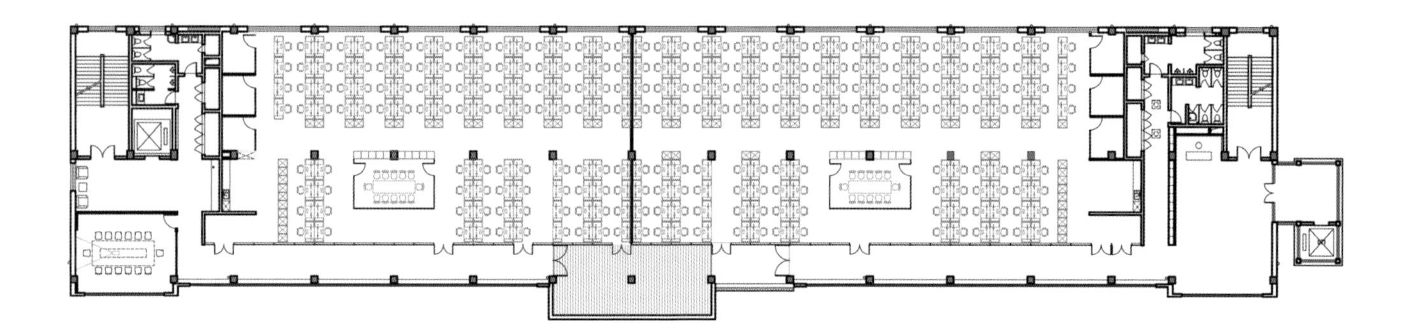

标准层平面图

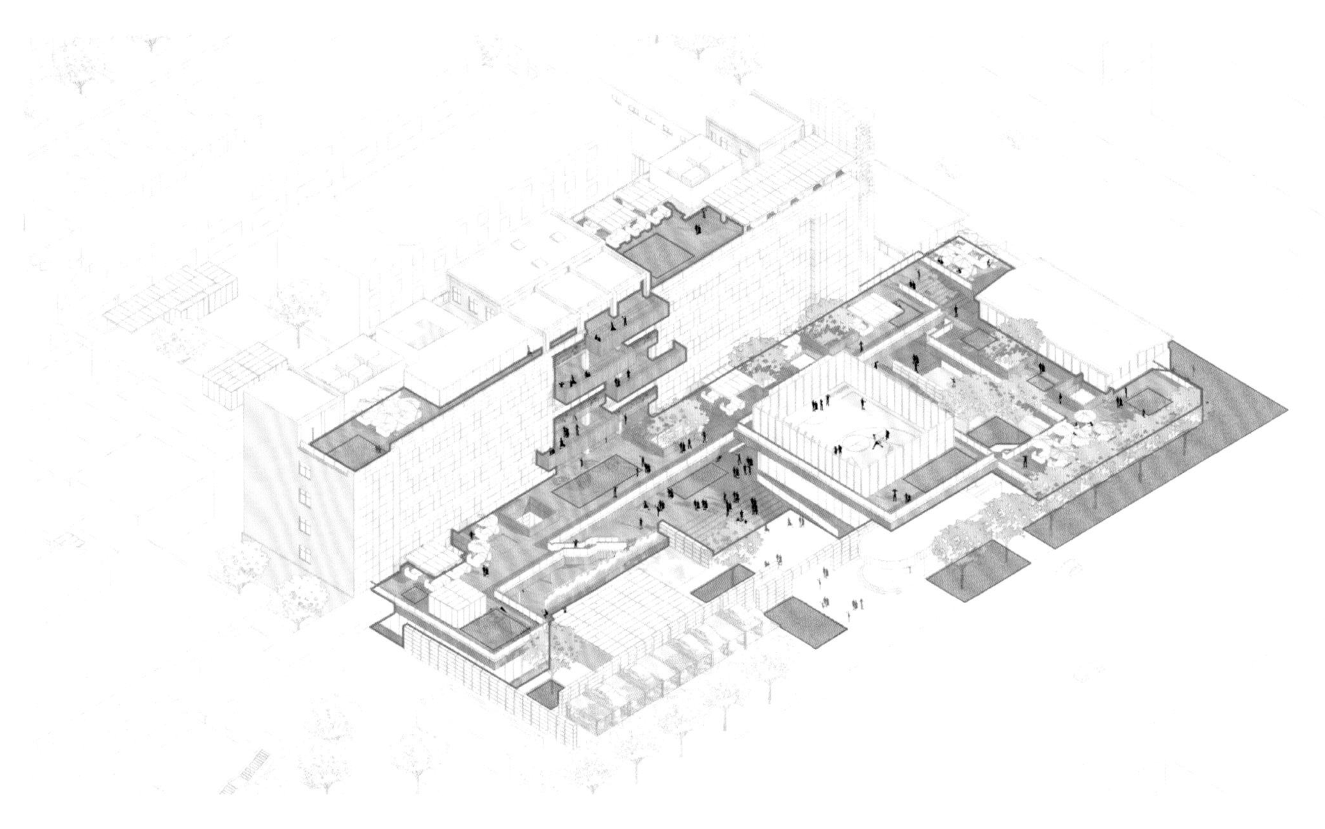

绿色生态交往空间

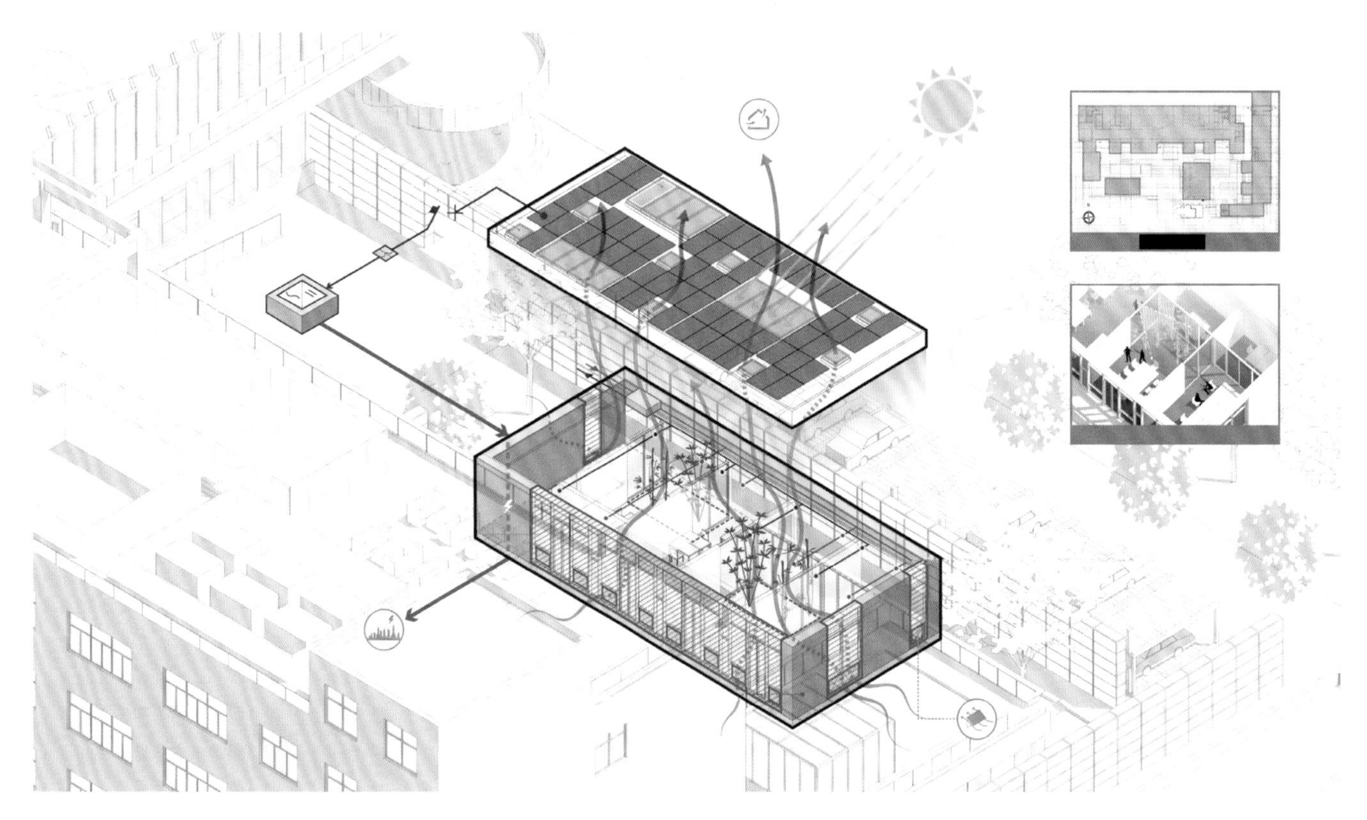

零碳展示馆

3. 院落航拍
4. 主入口前院
5. 院落俯视
6. 底层檐廊
7. 多功能模块与海绵花园

8 | 9 | 11
10 | 12 | 13 14

8. 多层次的绿化平台
9. 园区内的生态景观
10. 檐廊与庭院
11. 室内办公区
12. 前厅接待区
13. 一层展廊
14. 办公区前厅

广州天河智慧城核心区·软件园高唐新建区软件产业集中孵化中心（三期）

广东，广州

设计公司：广东省建筑设计研究院有限公司
主持建筑师：罗若铭

建筑师团队：苏青云、岑柱康、陈冠东、邓丽威、梁杏娟
结构设计：周敏辉、陈应荣、周培欢、刘继林
设备设计：许穗民、梁文逵、于声浩、余文伟、黄凯灿、钱秀锋

设计周期：2012 年 5 月—2016 年 7 月
建造周期：2016 年 11 月—2020 年 4 月
总建筑面积：72,985.3 平方米
工程造价：2.6 亿元
主要建造材料：钢筋混凝土
摄影：凯剑视觉

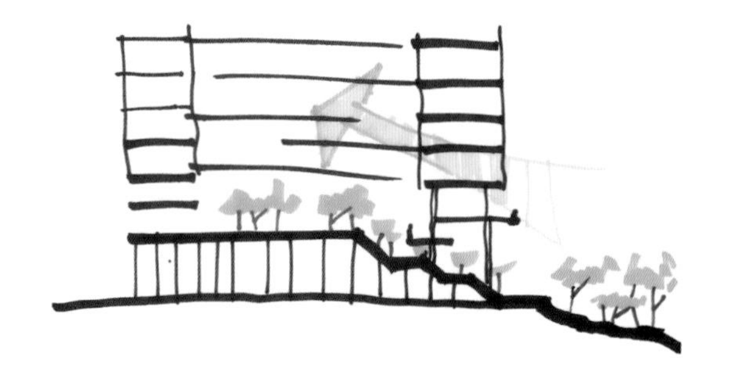

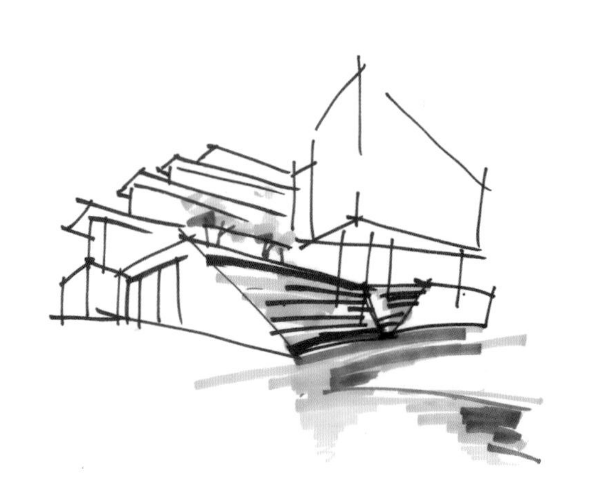

广州天河智慧城核心区·软件园高唐新建区软件产业集中孵化中心（三期）项目建设地点位于天河软件园高唐新建区，高普路与软件路的交界地块，是天河软件园高唐新建区的末期工程。总用地面积 1.86 万平方米，总建筑面积近 7.3 万平方米，建筑密度为 37%，绿地率为 33%，容积率为 1.62。

项目为单栋高层建筑，建筑高度 39.95 米，地上 10 层，地下 4 层。一、二层为展览中心，三层设置大面积屋面绿化平台及架空层，四层以上为带状布局办公空间。整个园区地势南低北高，建筑与庭园依据地势形成有机错落组合，通过下凹绿地、缓坡、台阶、挑檐、架空层及屋面绿化平台的空间组合，全年主导风东南风在园区内畅通无阻。在夏季、过渡季主导风向平均风速边界条件下项目的人体活动区域局部风速在 1.4 米每秒以上，可通过控制外窗开启来调节室内风速以满足非空调情况下室内舒适风速要求。办公楼层呈带状布局，外窗设置活动遮阳百叶，并采用智能调控系统，令室内获得充足自然采光的同时，又能遮挡强烈的太阳辐射。

项目选址岩面埋深浅，地下室占比大，规划控高 40 米，设计层高受限。为解决这个问题，在设计阶段采用建筑信息模型（BIM）技术，利用建筑信息模型提供全新的便于建筑、结构、设备全专业同时进行协同设计的平台进行设计。项目建成后的办公楼层层高 3.8 米，负二、负三层车库层高 3 米，负四层人防车库层高 3.4 米。因对结构构件和设备管线精准控制，各功能空间净空效果良好。

项目以“高新技术、绿色生态”为设计理念，基于岭南地区的气候和地域特征，充分应用一系列适用且效果明显的绿色建筑先进技术，通过建筑形体及围护结构的性能优化、可调控外遮阳系统、光伏发电系统、雨水综合规划利用及排风热回收等绿色建筑先进技术的运用，使项目设计完全达到绿色三星标准，获得三星级绿色建筑设计标识，并拟申报三星级绿色建筑运营标识，成为国家重点研发计划课题的验证性示范性项目，对岭南地区大型公共建筑的绿色建筑设计及技术应用有较强的示范作用。

1. 鸟瞰
2/3. 不同角度的远景效果

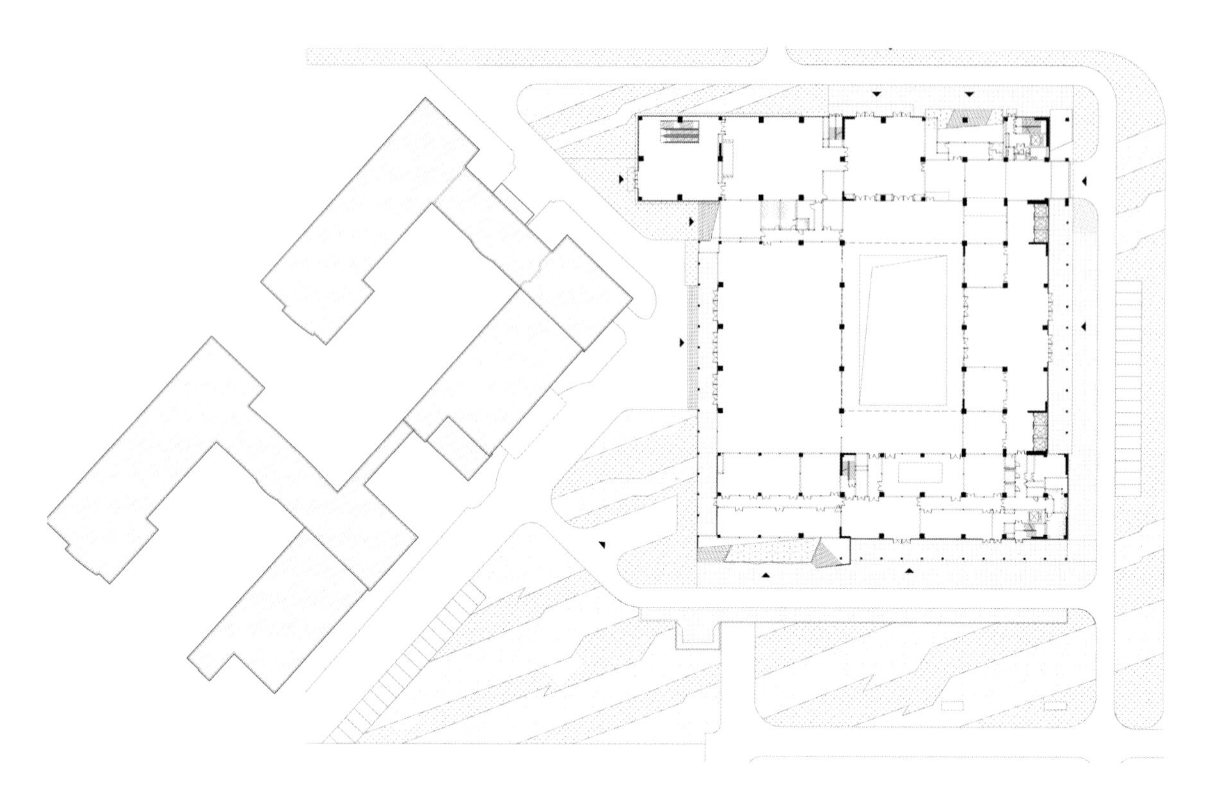

一层平面图

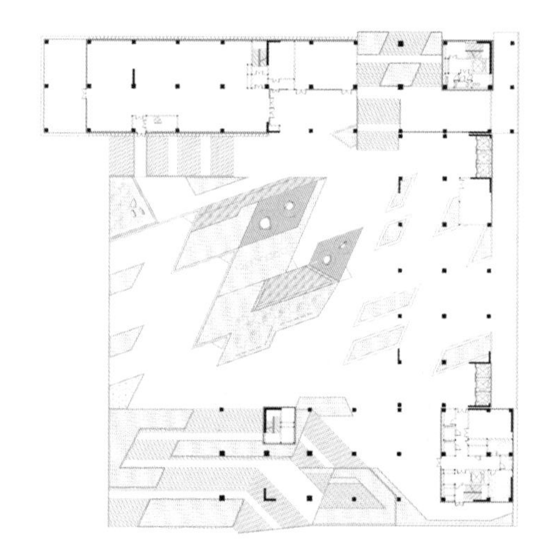

三层平面图

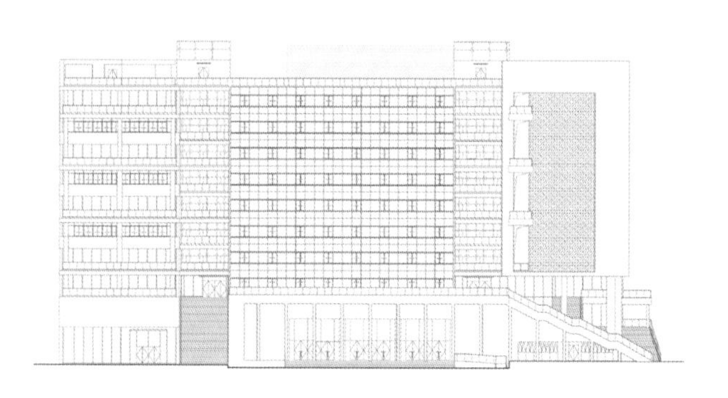

西立面图

南立面图

4. 西立面
5. 南立面
6. 屋面绿化平台远景
7. 屋面绿化平台台阶入口

8 / 9 | 10

8. 西向挑檐屋面绿化平台
9. 西向挑檐屋面绿化平台远景
10. 夜景

济南市轨道交通 R3 线一期工程龙洞停车场综合楼

山东，济南

设计公司：同圆设计集团有限公司
主持建筑师：郭立强

建筑师团队：司鸿斌、张国萌、边文淦、刘琳（方案设计）
张国萌、张建新（建筑专业）
结构设计：蒋世林、杜鹏、张福启、王洪良
设备设计：韩晓东、訾洁、高峰、李吉成

设计周期：2018 年 4—9 月
建造周期：2018 年 9 月—2019 年底
总建筑面积：8740.6 平方米
工程造价：5000 万元
主要建造材料：毛石砌块、灰泥质感涂料、超白玻璃、玻璃砖
获奖情况：山东省绿色建筑三星级设计
摄影：时差影像

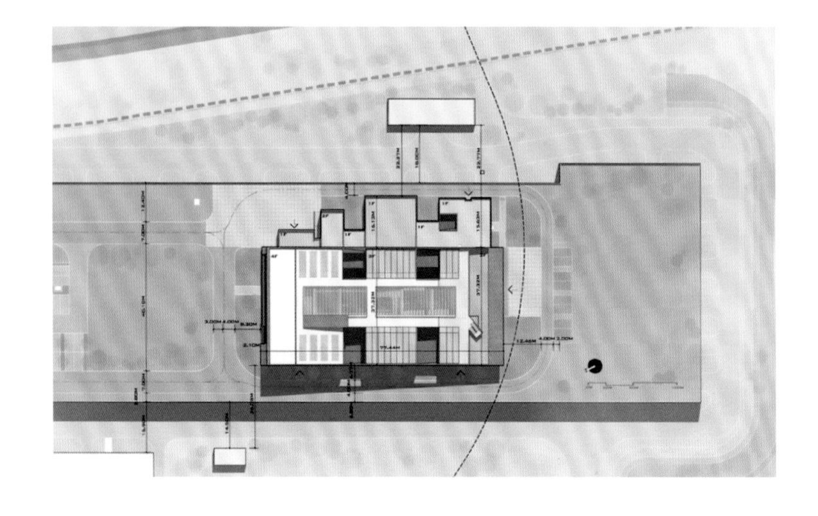

项目位于山东省济南市龙洞风景区入口处，是城市人工环境向自然环境过渡的一个区域，背山面水，同时也是在地铁停车场上盖的一座小型综合配套服务楼。在这样一个对结构设计比较严苛的条件下，设计采用了理性克制的手法，将建筑隐于环境之中，同时塑造了一种独特的建筑空间体验感。

设计理念

在外部形态处理上，除了处理与基地周边自然环境的基本策略，设计中还非常注重去表现济南这座古城所独有的气质特征，正如清代诗人任弘远所作“济南景色异他郡 / 城外青山城内湖 / 细雨蒙蒙烟漠漠 / 凭谁写出辋川图 / 山色四周明月里 / 人家半住柳荫中”。济南虽处北地，而具南地风韵，且城外青山连着城内湖，山湖格局相互依存，所以设计采用了两种看似冲突的语言和形体组织关系，两个维度相互穿插碰撞，并一直延续到内部空间，这种冲突戏剧般的内部空间界面营造出空间体验的独特性。

内部功能

在厚重的外壳的包裹下柔软的芯，内部空间格局则是回应济南古城“城即园林”的描述，通过中庭交通容器组织起来一座立体园林，人在行进中体验空间的尺度、明暗、开合等变化，如溪山行旅中人与自然的对话与交流，空间序列时而含蓄婉转，曲径通幽，时而开合尽展，豁然开朗。体验空间和人的关系是可以被充分感知，如变化的光线、材质质感的触碰、视线的通达控制，空间在此刻与人有了更深层次的交流与回应。

项目是一个非常绿色的设计。除了中庭，在内部设置了很多空中的院子，让建筑在内部有了更多与自然交互的空间，通过空间的优化，被动技术措施的处理改善了内部的光、热、声音品质，良好的维护结构保证了建筑可以保持在一个低能耗的状态下运行。

1. 鸟瞰
2. 建筑物远景

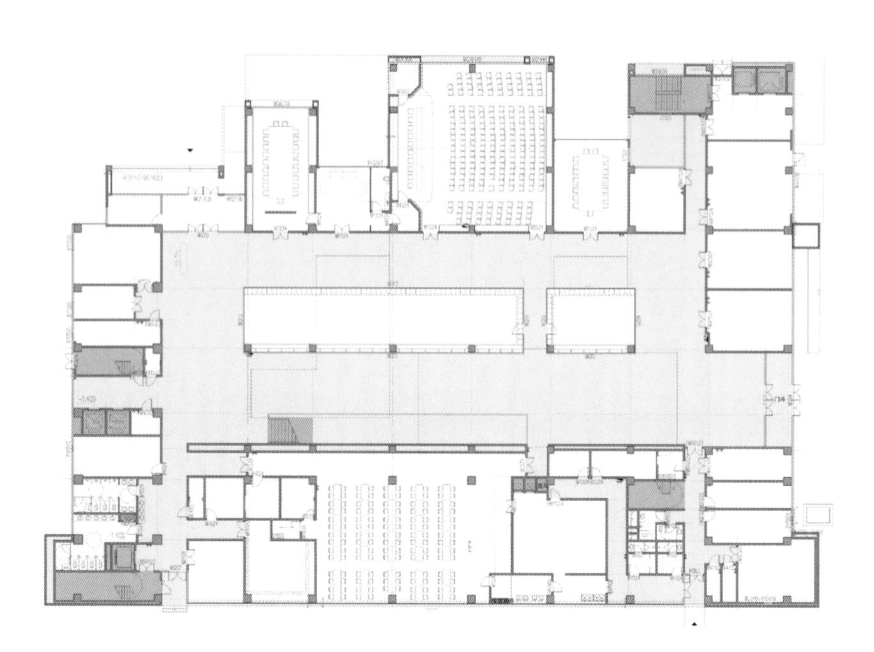

一层平面图

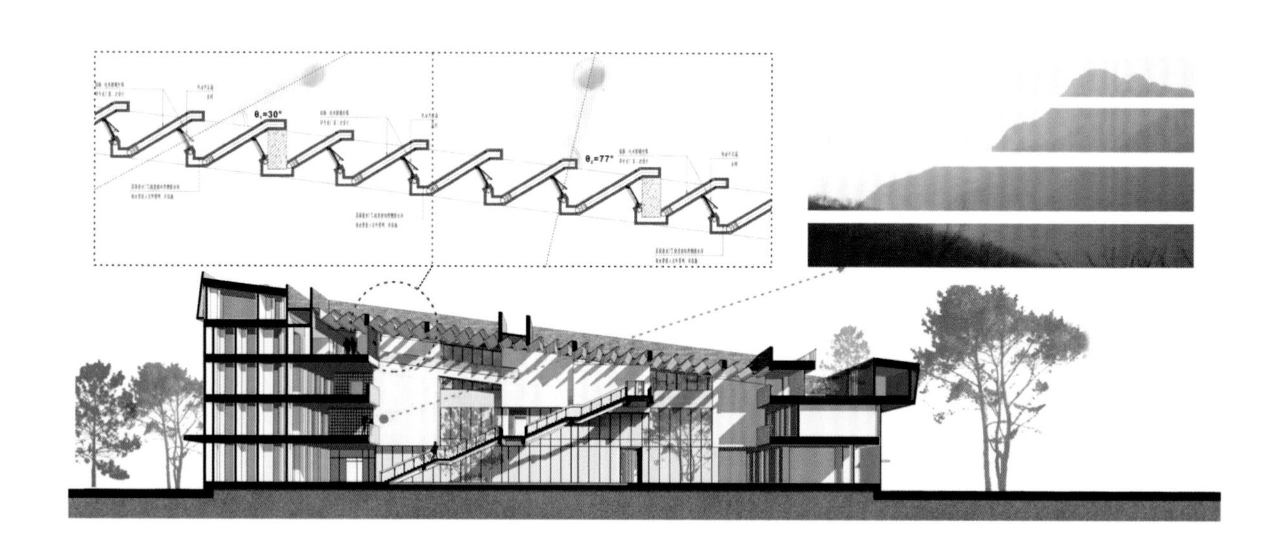

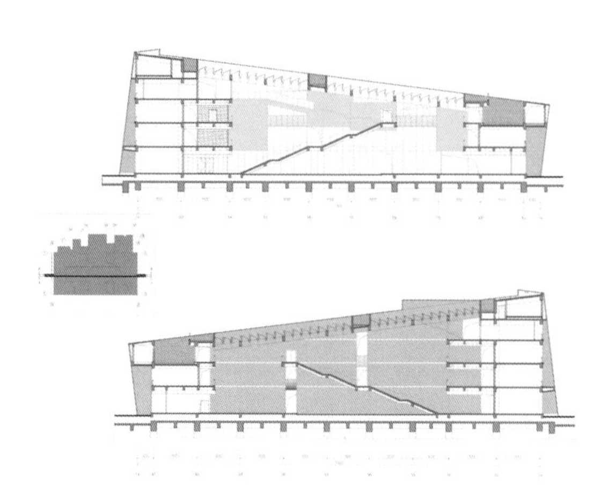

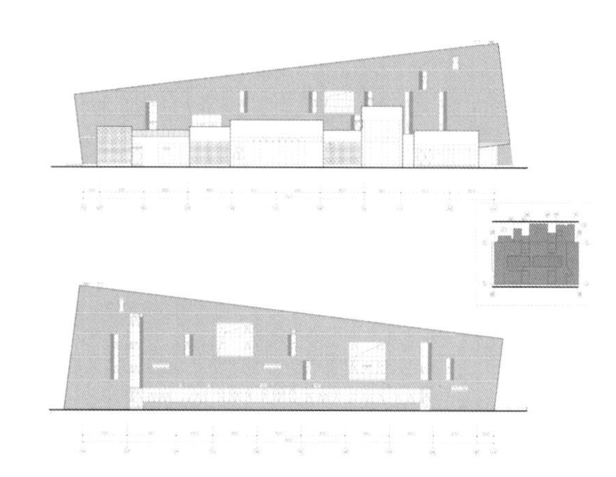

采光分析

3
4 | 5

3. 毛石立面与山体形成积极的对话关系
4/5. 建筑立面

6
7
8
9

6. 冬季建筑外观
7. 冬日夜景
8. 室外毛石砌筑墙体被引入室内
9. 中庭概览

广州长隆大厦

广东，广州

设计公司：华南理工大学建筑设计研究院有限公司
主持建筑师：何镜堂、包莹、丘建发

建筑师团队：盘育丹、姜帆、罗伟明、陈志东、王人玉、黄冠南、郑常波、黄文耀、肖鹏飞、廖绮琳、杨满思、邢鹏威、陈鹏、杨柳、吴冬辉
结构设计：方小丹、郭远翔、孟祥强、林亮洪、沈雪龙
设备设计：余洋、耿望阳、黄璞洁、岑洪金、过仕佳、何耀炳、胡文斌、关宝玲、魏祥英、何时刚、邹付熙、吴晨晨、陈昳宏、范细妹、黄光伟

设计周期：2017—2018 年
建造周期：2017—2019 年
总建筑面积：104,422 平方米
工程造价：约 8000 元每平方米
主要建造材料：仿石铝板、石材、印花玻璃
摄影：战长恒

枝繁叶茂营华冠，榕根蒂固架绿荫。广州长隆大厦位于广州长隆度假区内，基地周围绿树成荫，环境宜人。设计构思根据建筑所在的场所环境，取岭南榕树之形，表绿色生态之意，创人性化之境。

这是一处生态、绿色的办公场所，绿植由裙楼屋顶花园沿塔楼形体顺势而上，形成多层次的立体园林空间，打造舒适的办公微环境，创造一处独具特色的人性化办公建筑。方案设计化零为整，采用平台将裙楼、塔楼办公及活动场所联系在一块，以高效便捷的建筑流线串联各个建筑功能。裙楼一层局部架空，并设置庭院，形成岭南特色的骑楼灰空间和院落空间。主入口采用悬挑 25 米的钢结构形成大型灰空间，打造出端庄、大气、舒适的迎宾空间。建筑设计采用空中庭院、底层架空、立体花园以及立面遮阳等方式相结合实现良好的通风、隔热降温效果，体现了建筑的地域气候适应性，创造一处生态低碳的节能办公空间。

希望通过将形式、空间、功能、景观相结合，打造一栋具有时代感的生态、绿色建筑，创建一扇人性化的欢乐视窗。人们可在此愉悦办公，悠闲休憩，最终实现办公与休憩并齐，建筑与生态共融。

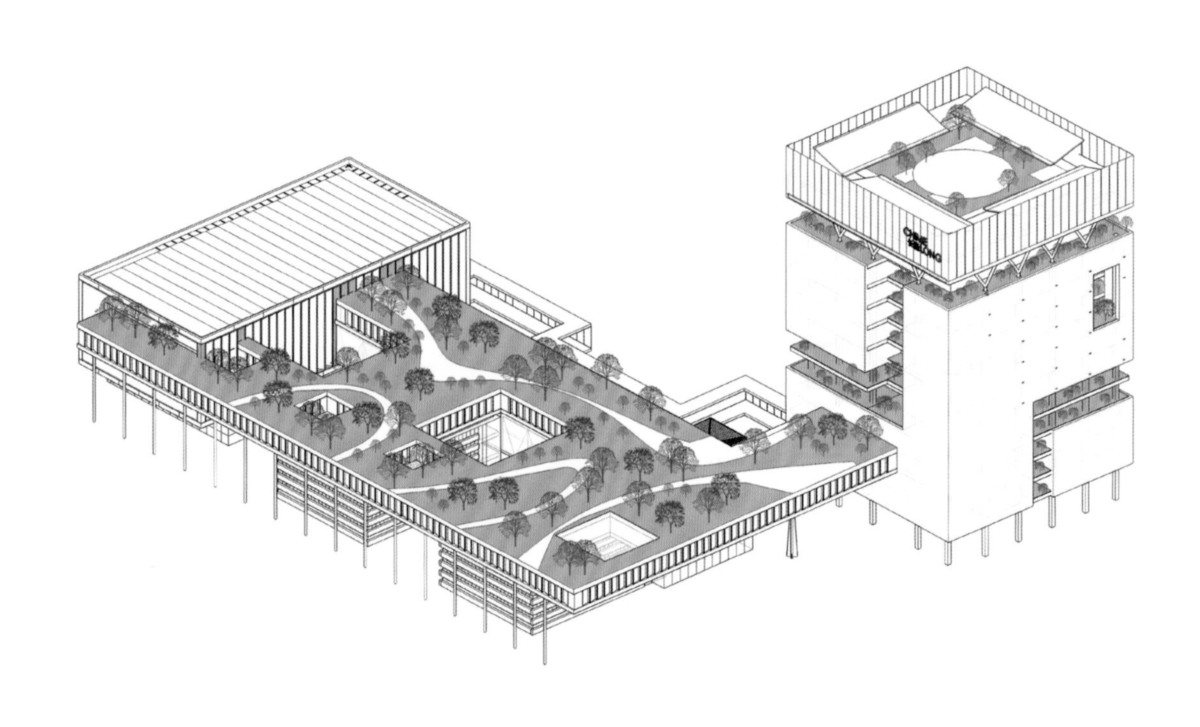

1
2

1. 夜景效果
2. 入口架空与生命树

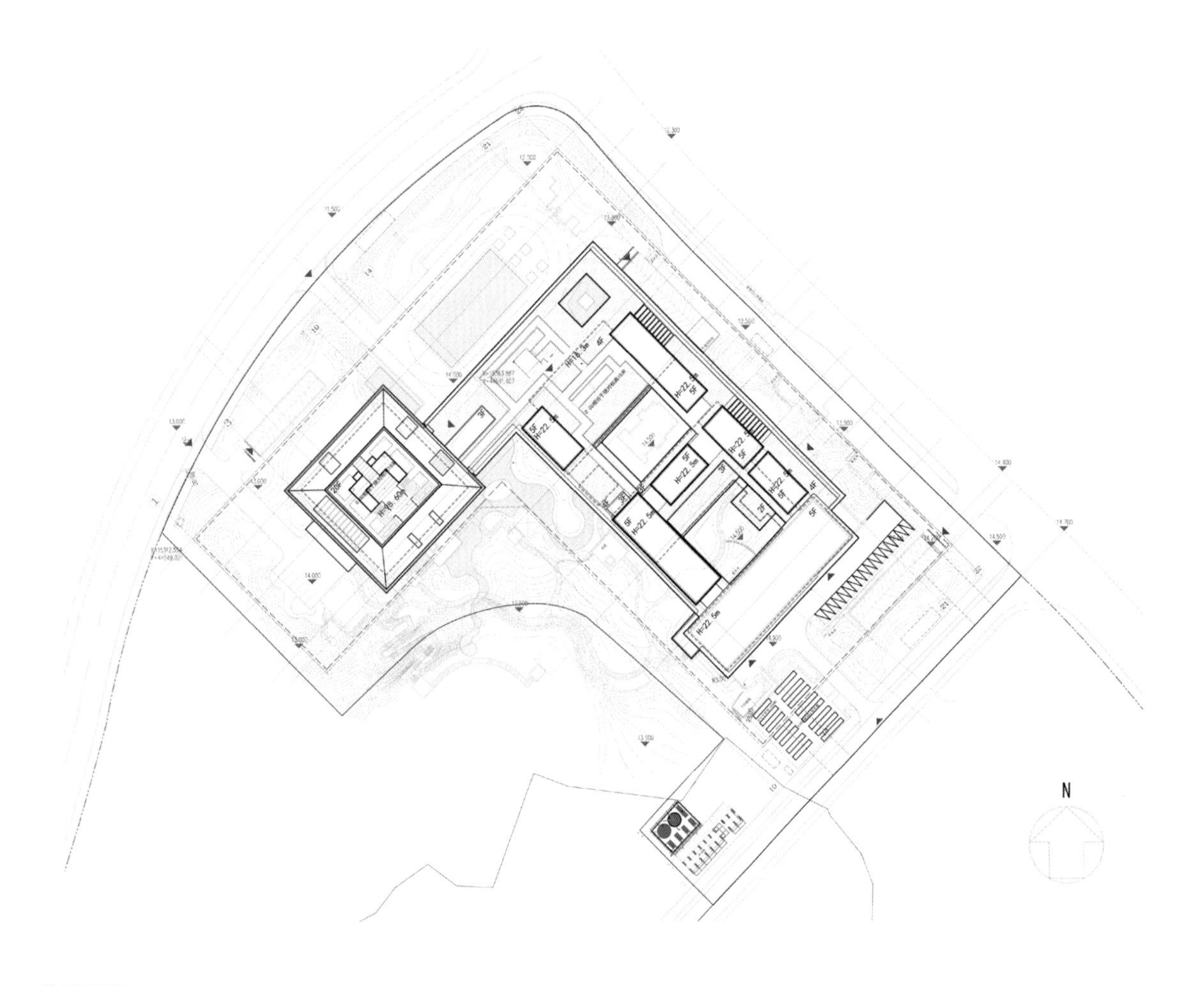

总平面图

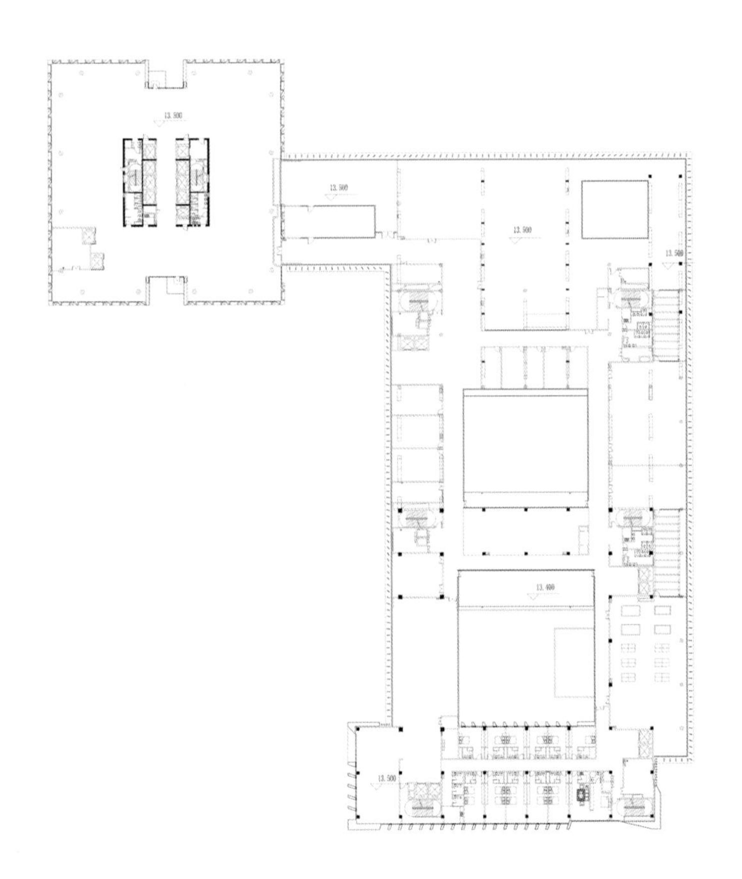

四层平面图

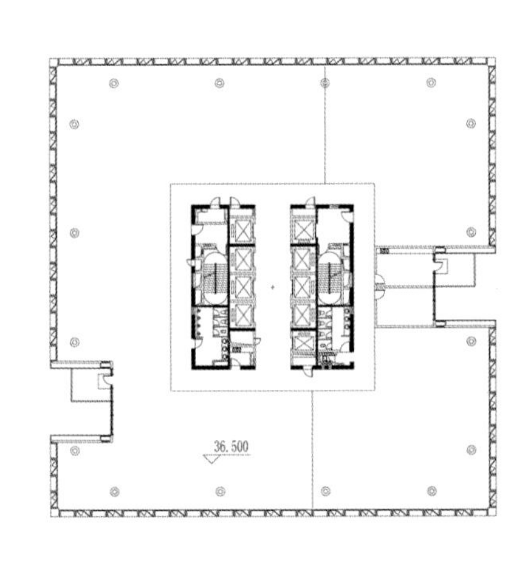

九层平面图

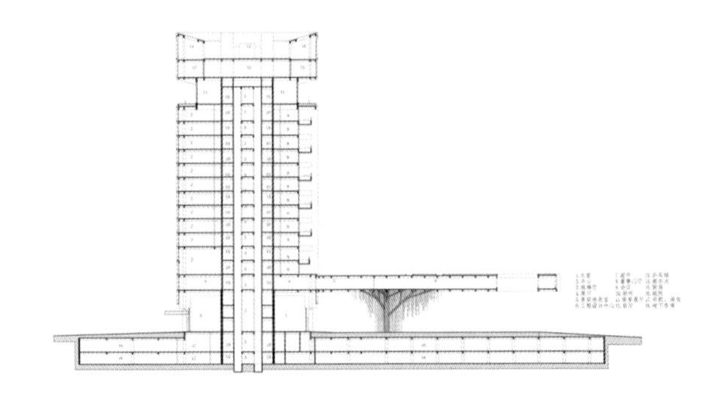

剖面图

3
4 5

3. 鸟瞰
4. 立面局部
5. 生命树细部

上海黄浦区594（北块）、596街坊地块

中国，上海

设计公司：华东建筑设计研究院有限公司华东建筑设计研究总院（以下简称华东总院）
Foster+Partners事务所
主持建筑师：邵亚君（华东总院）

建筑师团队：Gerard Evenden、Martin Castle、Emily Phang、刘炜杰（Foster+Partners事务所）
邵亚君、廖森林、张雅东、陈曦（华东总院）
结构设计：李立树、洪小永、殷鹏程、孙浩（华东总院）
设备设计：王晔、叶俊、盛安风、郑君浩、黄蕾、俞嘉青、常谦翔、顾云、赵丽花（华东总院）

设计周期：2012—2018年
建造周期：2013—2019年
总建筑面积：124,360平方米
工程造价：14.7亿元
主要建造材料：玻璃、石材
获奖情况：2019年中国勘察设计协会优秀建筑设计三等奖
上海市优秀建筑设计二等奖
2016年12月入选“上海城市建筑品质案例”，作为上海公共建筑示范项目
摄影：庄哲

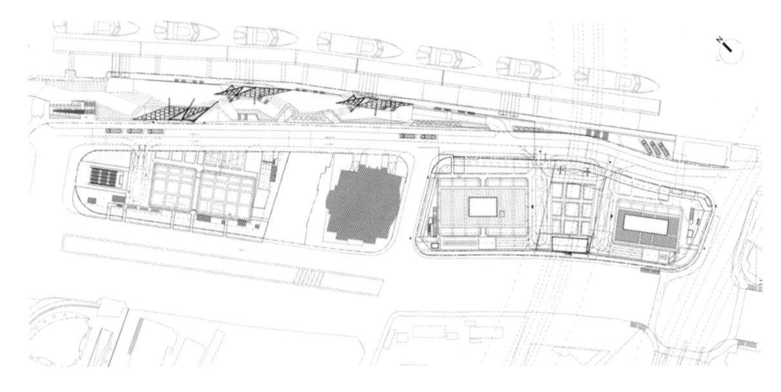

总平面图

上海黄浦区594（北块）、596街坊地块项目位于上海南外滩区域（北起东门路，西至中山南路，南至复兴东路，东至外马路）。作为上海外滩南延伸段——中山路以东的首个项目，为江畔区项目树立了新的基准。项目所具有的独特条件加上现有的3座大楼（英迪格酒店、交通银行和复星集团）将使外滩核心区在向南发展时更具活力，为日后江畔区的开发设定新的原则。因此，项目是建设现代外滩的开篇之作。

项目包括3座中高层办公楼，底层为办公大堂和局部沿街商业。同时，还包括一个公共下沉广场，毗邻地下商业区。通过所述地下商业区可直达十六铺二期的渡轮码头。

项目作为外滩沿江第一层面、南延伸段起点的金融办公项目，不同于单纯的商业地产开发，它涉及滨江道路、公共绿地系统建设、公共步行活动系统建设、地下空间系统整体开发、塑造沿江第一层面建筑天际轮廓线等公共系统建设内容。综合考虑和满足以上公共利益的要求，是项目设计的重要出发点。

在万众瞩目的城市核心新建一处整合公共功能的金融办公区，地块不仅横跨轨道交通九号线，毗邻中山南路隧道和黄浦江，还有局部地块曾经施工，有遗留老桩。在重重约束和困难下，项目从设计阶段到施工配合阶段都充分发挥创意，因地制宜，巧妙地解决了所有问题，并高品质地完成了建筑项目。

通过钢结构实现了芯筒偏置，在总共27米进深的情况下，实现了18米进深的开放式办公空间，尽享外滩一线江景。

经过Foster+Partners事务所和华东总院的精心设计，已成为南外滩地区的标志项目。项目的各部分功能布局自然合理，流线清晰简便、互不干扰。作为城市战略重地的新建项目，是对黄浦江沿岸现有城市结构的补充，在举世闻名的江畔区，为城市居民和游客提供了一个重要的、全新的目的地。同时，也为黄浦江创建了引人入胜的背景。

1. 沿黄浦江立面
2. 沿中山东二路立面

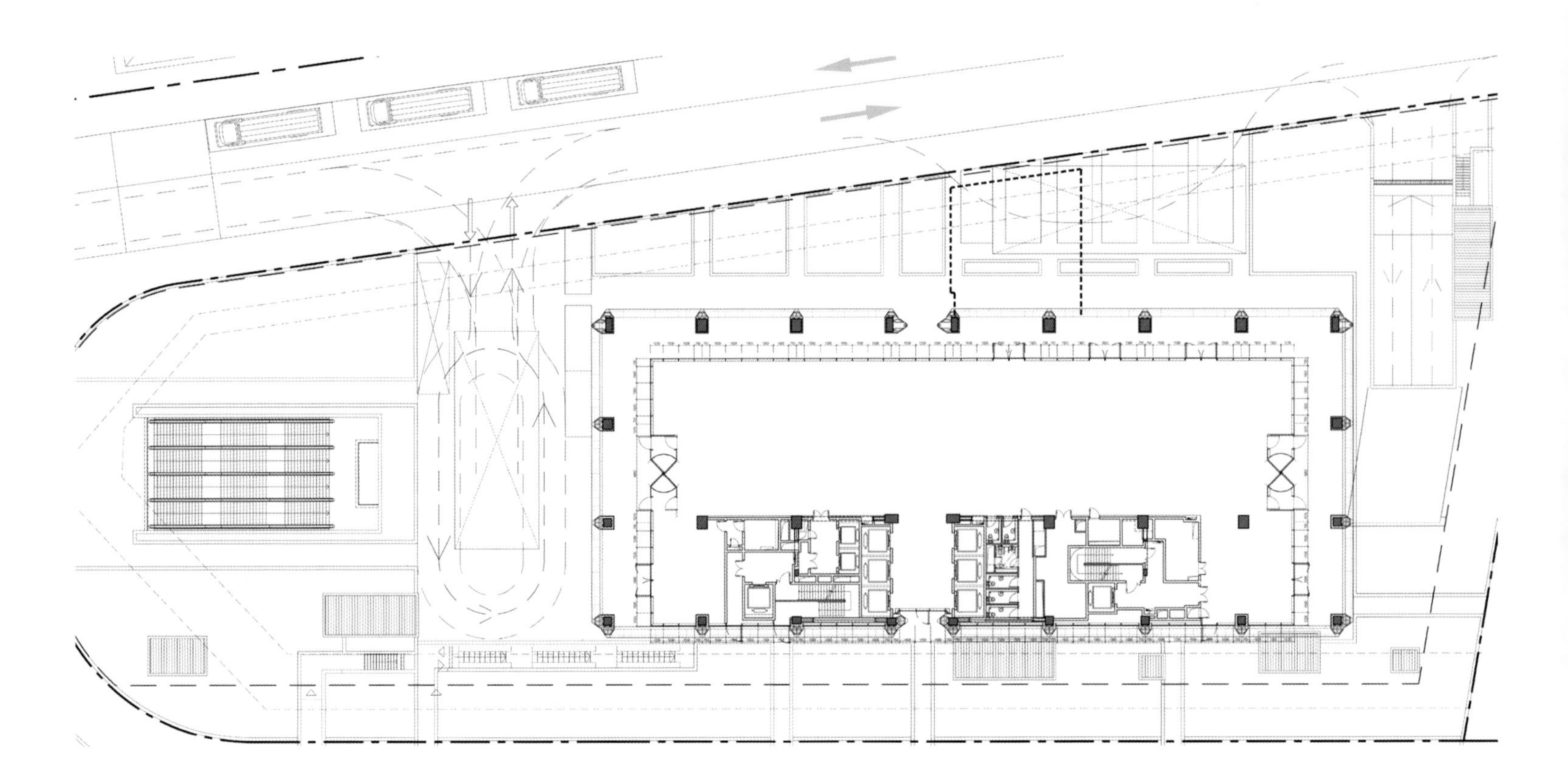

典型一层平面图

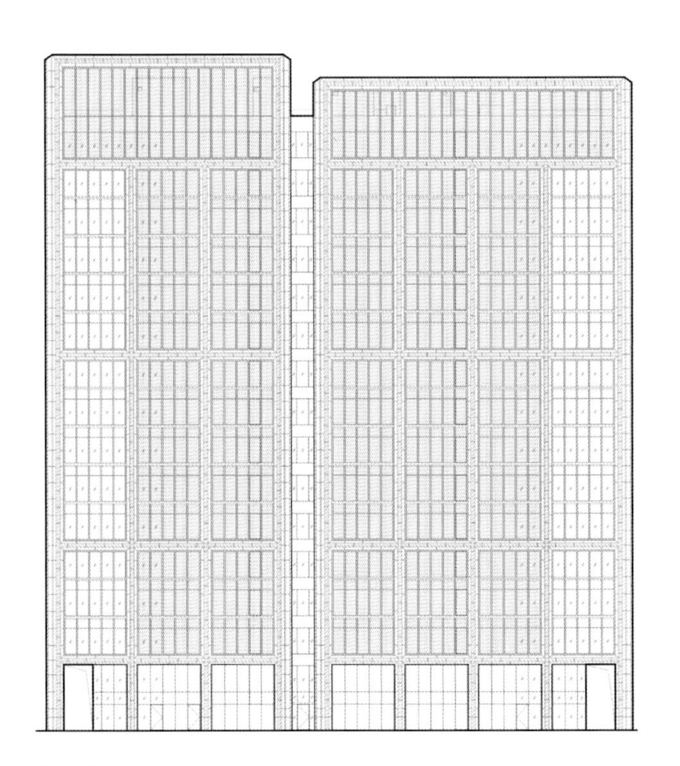

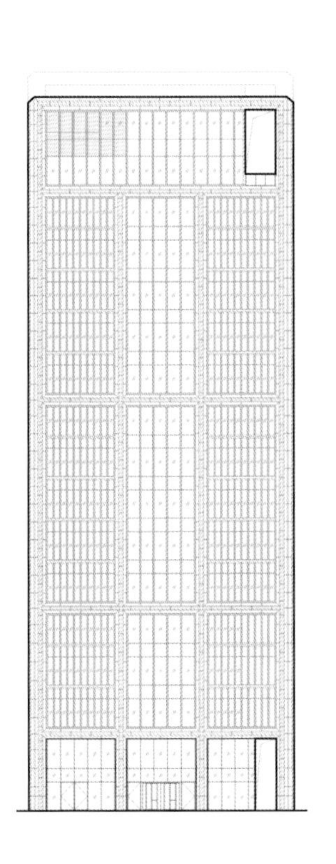

典型立面图

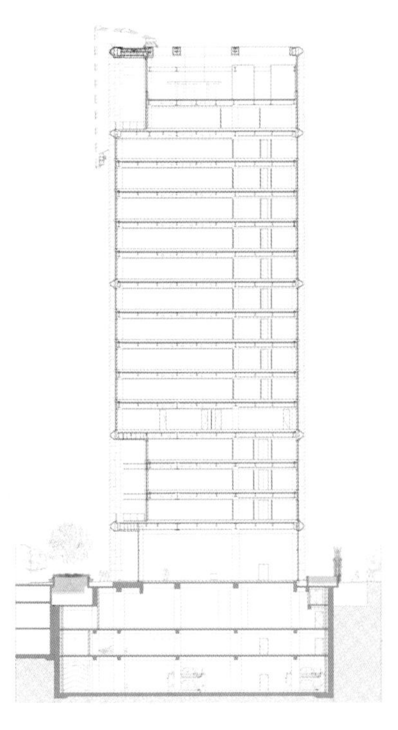

典型剖面图

3
4

3. 外立面细部
4. 外立面细部

5	7
6	8
	9

5. 宽敞的办公空间和江景视野
6/9. 一层大堂
7. 标准层电梯厅
8. 一层电梯厅

北京保险产业园649地块项目

中国，北京

设计公司：华东建筑设计研究院有限公司华东建筑设计研究总院
主持建筑师：刘彬、孟欣

建筑师团队：钟嘉斯、任仕新、赵诗佳、王译晗
结构设计：陆道渊、路海臣、赵凯、黄盒、王启人
设备设计：董浩、贾雪艳、陆青青、智丽萍（给排水）
吴国华、王进军、宋倩春、张洁、陈煜（暖动）
闵加、严晨、王晔、王达威、陈小琴、孙毅仁（强弱电）

设计周期：2016年4月—2017年6月
建造周期：2017年7月—2019年10月
总建筑面积：142,179平方米
工程造价：10.9亿元
主要建造材料：石材、玻璃
获奖情况：上海市建筑学会第八届建筑创作奖佳作奖
摄影：庄哲、何啸东

总平面图

北京保险产业园位于北京市石景山区北部，背依香山，面临永引渠，自然环境得天独厚，作为石景山区产业转型的重点工程，着力打造融山入水的高品质景观化总部办公环境。

649地块项目位于北京保险产业园中央核心位置，作为整个园区最为重要的地块，占据南北双向景观优势，起到形象引领和区域门户的标志性作用。功能上采用总部型办公单元和租赁式办公结合的灵活方式，打造融山入水的高档次办公园区，体现国际化、现代化、生态化的高端品质。

项目总建筑面积超过14万平方米，其中地上8.5万平方米，地上8层，地下3层，规划控高36米，建筑密度30%，是以独立办公单元为主的高品质总部型办公园区。设计概念以景观化办公作为切入点，4栋相对独立的建筑单体采用正交围合的空间布局模式，打造具有北京地域特色的“合院”式办公环境，建筑和景观渗透共生，提升办公空间品质。

北借香山、中央绿地，南借永引渠、城市公园，中央围合大面积景观庭院。结合地势，北高南低，南面界面严谨，北面平台叠退。面向城市的沿街界面，以对称严谨体现门户概念，北面退台提供观山休憩之所，西侧立面纵贯相连，与相邻博物馆地块呼应。如意台二层慢行系统穿行其间，形成“下沉庭院、地面绿带、二层平台、景观露台、室内中庭”立体化景观，实现园、景、筑三位一体。充分结合纵横双轴的规划格局，把广场、庭院、道路和周边绿化综合成为全方位景观体系，为员工提供一个舒适宜人又富于变化的室外环境。

建筑立面风格简约现代，外立面以石材和玻璃幕墙为主，整体以带有厚重感的竖向线条体现保险企业严整庄重的文化特色，幕墙采用三角形单元形式，引导视野，增加表面立体效果。局部辅以退台、阳台等灰空间增加变化，并与环境产生交融。通过富有韵律感的立面单元与玻璃之间的对比，形成虚实相间的体量关系，与周边地块和而不同；同时同样采用暖白色石材，烘托出北京保险产业园沉稳庄重的古典气质。

建筑单体以可分可合的组块模式拼装，4栋建筑可拆分为9个独立单元，灵活租售。在每个单元中核心筒集中设置，形成独立交通及机电体系，灵活切分。办公平面采用大空间办公灵活布局，局部设置两层面向庭院的挑空边庭，将周围的绿色生态更好地引入办公空间中。

1
2 | 3

1. 南侧与西侧相对严整的街道界面
2. 西侧连续延展的立面
3. 西北角面向公园化整为零的体量

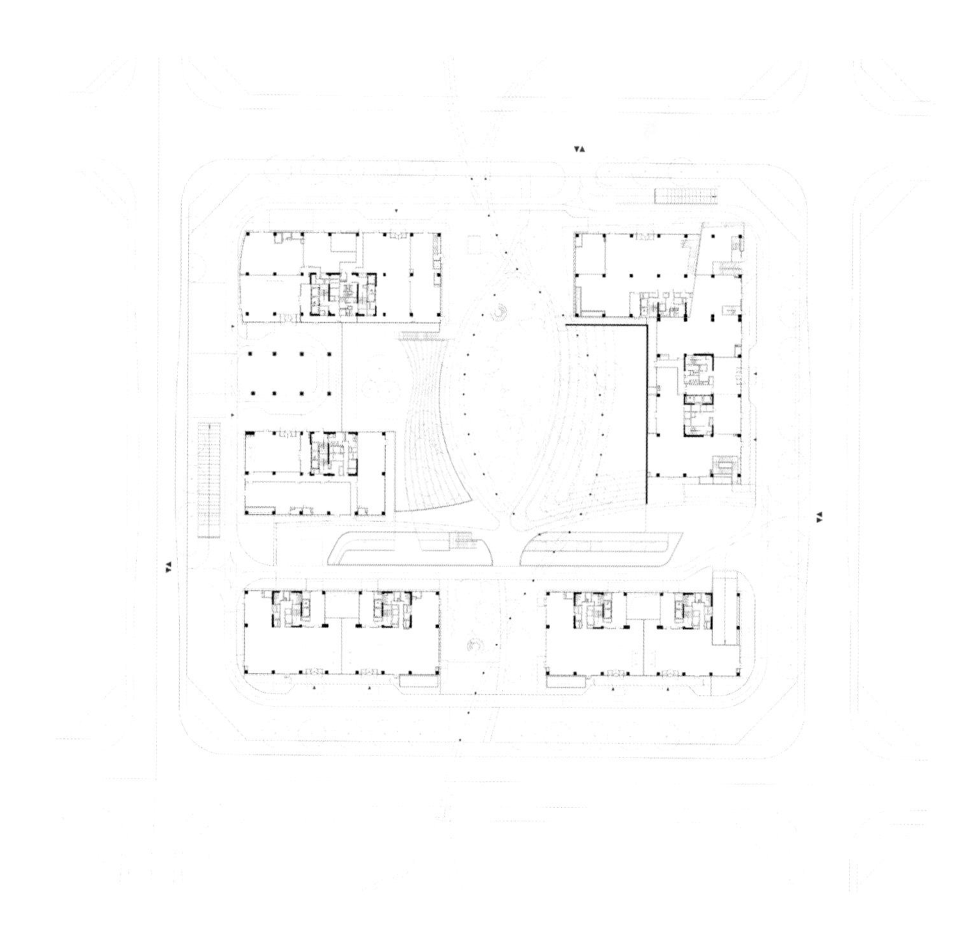

总体一层平面图

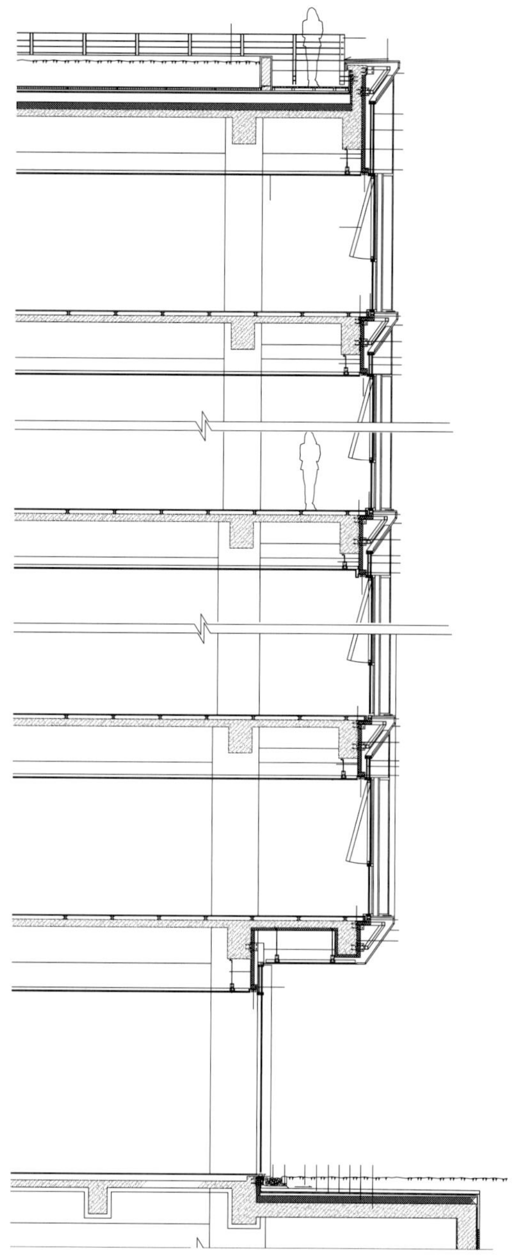

典型墙身

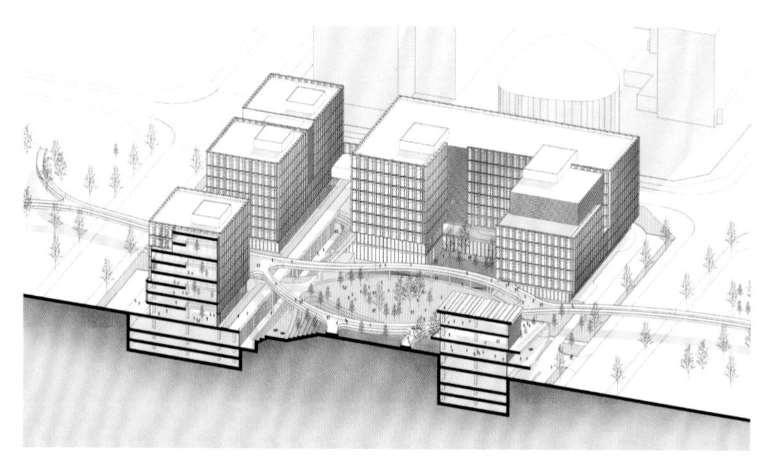

纵向剖视：穿过地块的如意台步道

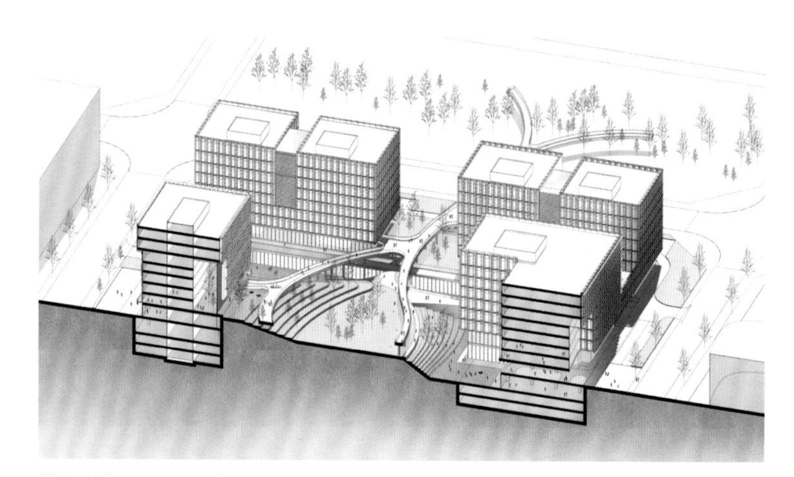

横向剖视：竖向变化的内部景观

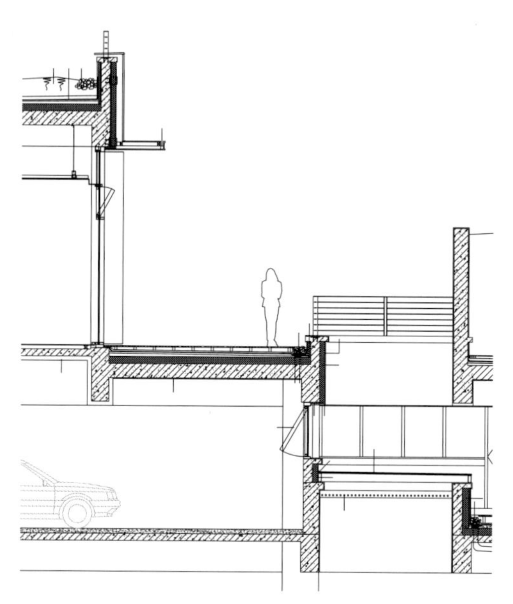

地下室墙身与采光井设计

4
5

4. 内庭院（夜景）
5. 如意台上的视角（夜景）

6 | 7/8

6. 高差变化的内庭院
7/8. 内庭院与如意台

中国华润大厦

广东，深圳

设计公司： Kohn Pedersen Fox（KPF）
主持建筑师： Paul Katz、Richard Nemeth、James von Klemperer、Inkai Mu、 Brian Chung、 Jorge Mendoza

建筑师团队： Paul Katz（项目总指导）、Richard Nemeth（管理合伙人）、James von Klemperer（设计合伙人）、Inkai Mu（管理合伙人）、Brian Chung（设计总监）、 Jorge Mendoza（项目经理）
结构设计： ARUP奥雅纳工程咨询有限公司、广州容柏生建筑结构设计事务所
设备设计： WSP科进集团

设计周期： 2011年9月—2014年12月
建造周期： 2014年1月—2019年1月
总建筑面积： 193,220平方米
主要建造材料： 混凝土核心筒、钢柱、钢梁（混合）
获奖情况： A&D China Awards, Perspective (2019)
American Architecture Award, The Chicago Athenaeum (2019)
Architectural Design Award, The Architecture MasterPrize (2019)
Awards, China Real Estate Design Awards (2019)
Awards, Le marche international des professionnels de l'immobilier Asia (2019)
Best Tall Building Award, Council on Tall Buildings and Urban Habitat (2019)
A+ Awards, Architizer (2020)
摄影： Tim Griffith、存在建筑摄影

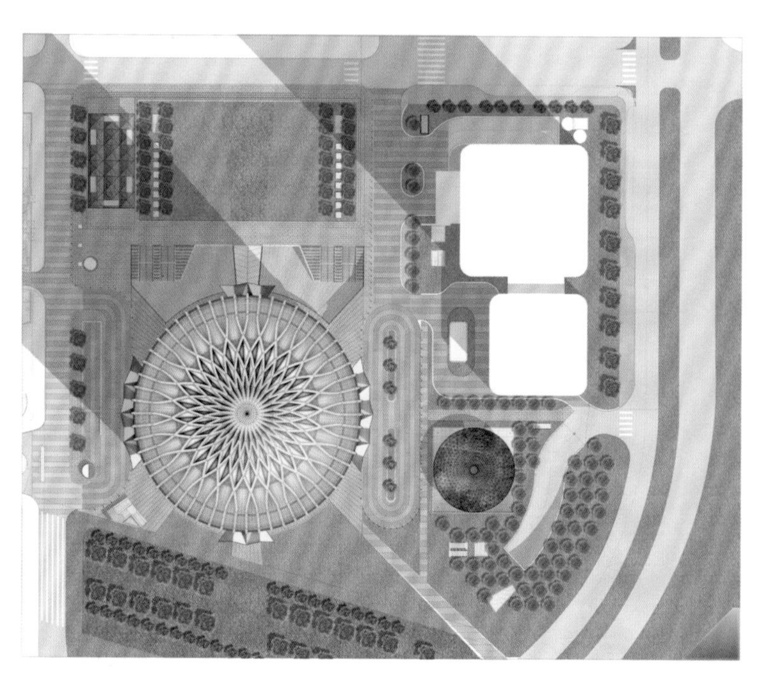

总体规划图

由Kohn Pedersen Fox（KPF）设计的中国华润大厦以其创新的造型结构和精确的几何精度为基础，扎根于蓬勃发展的深圳湾后海商务区，为深圳带来全新的城市风貌。

中国华润大厦的设计参考了春笋的自然形态，象征着节节攀升的无限生命力，寓意着进取、突破与无限生长。同时，外圆内方的形制，放射性对称的布局，是东方文化中“方圆规矩”的写照。

“钢密柱框架+混凝土核心筒”的结构使得大厦内无柱开放式楼层平面变得可行，塔楼平面最终表达出环形放射对称布局。56根立柱，间距2.4 ~ 3.8米，柱子外边宽度30 ~ 40厘米，典型楼层的直径从最底部的60米扩展到腰部的68米，再在顶部收至35米。

公共办公区和休憩区没有立柱遮挡，可以沿玻璃幕墙尽享360度自然采光，一览深圳湾海、湖、公园和高尔夫球场四重景观。

56根立柱在底部及顶部斜交汇聚成28根，大厦底部和塔顶采用多面三角形玻璃面板，打造雕塑般的外形。外立面斜交网格的立柱在一层汇聚在一起，在精确布局的锚点之间创建一系列底层入口。大堂的室内设计，呼应了整体钻石般的纹理，采用自然温润、富有细腻肌理的石灰石材料。28根立柱向上延伸至400米，高度聚拢在塔顶，塔顶是一个单件式组装的不锈钢塔尖。塔顶的“空中大厅”可提供多种商务配套功能，美轮美奂的圆锥形的空间以及精美的螺旋交叉结构令人惊叹，这是世界上少有的人们可以到访塔楼绝对制高点的超高塔设计。在夜间，点亮的中国华润大厦在深圳湾商业区闪耀宝石般的光彩。

1

1. 中国华润大厦全景

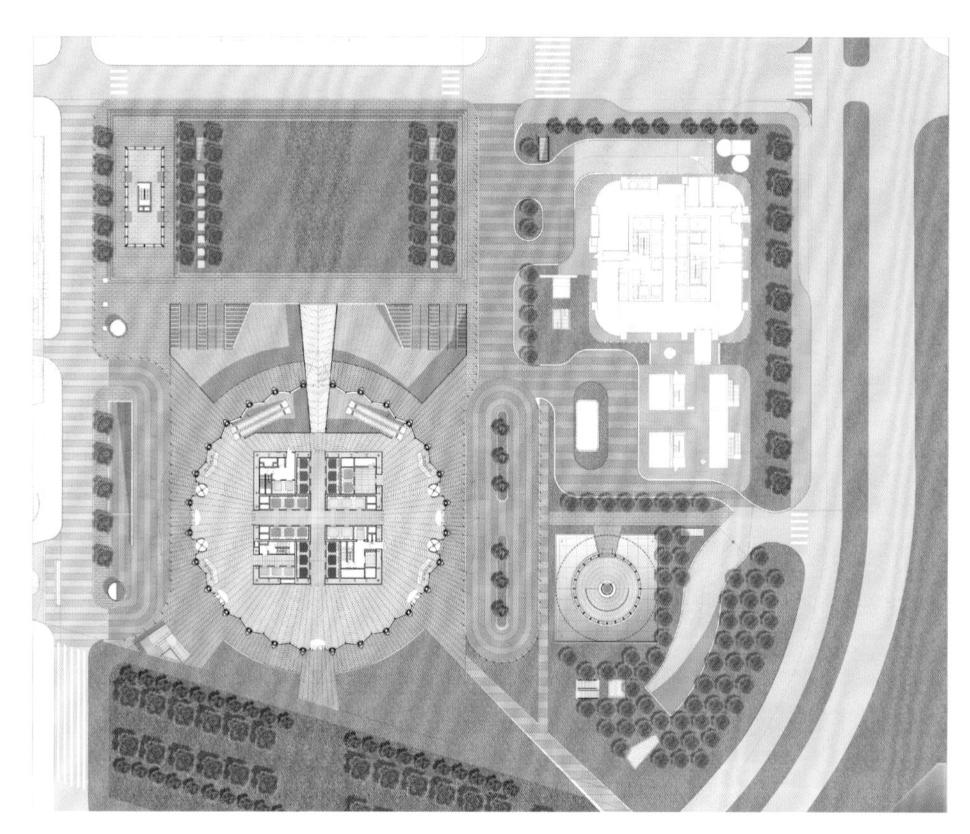

一层平面图

低层平面图

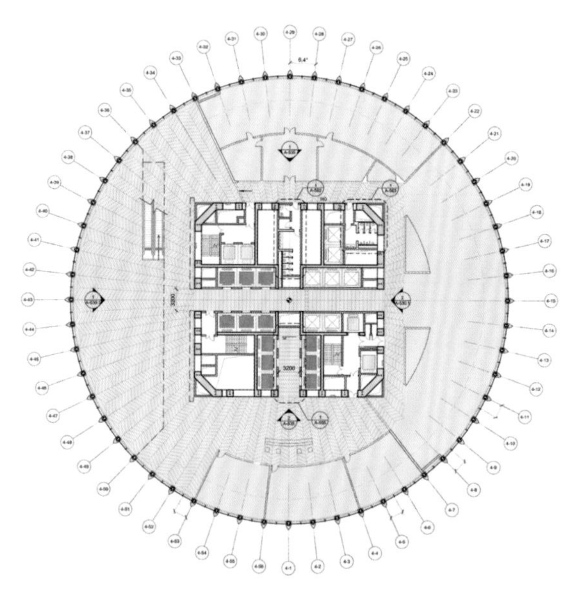

空中大堂平面图

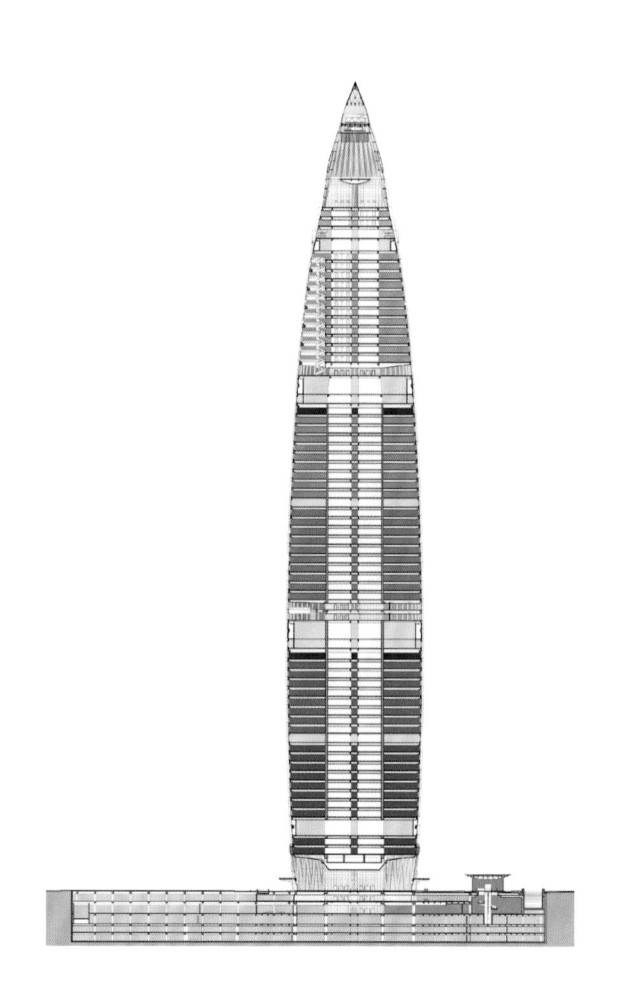

剖面图

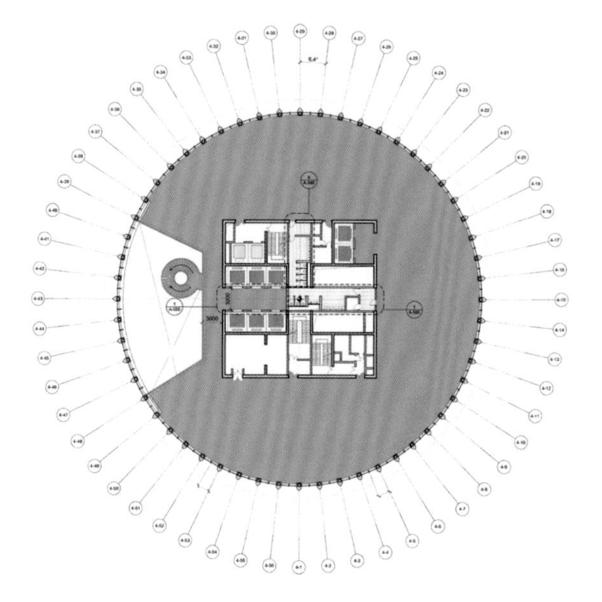

高层平面图

2
3

2. 地面层公共空间街景
3. 地面层街景

4. 塔楼主入口
5. 入口遮雨棚
6. 塔顶
7. 幕墙细节
8. 幕墙与钢密柱斜交汇聚

	6
4	7
5	8

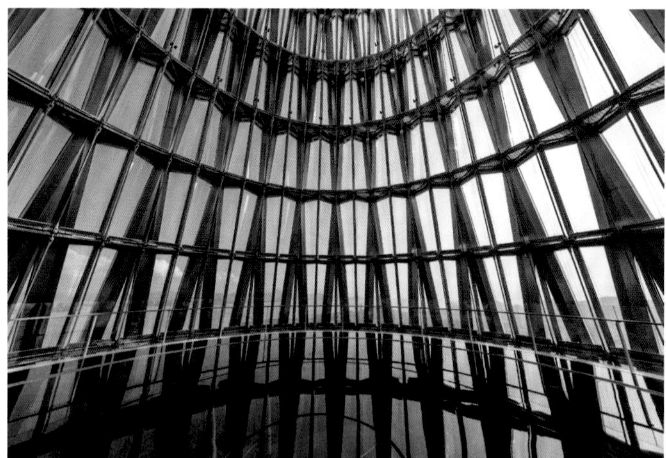

9	11	13
10		
12		

9. 一层大堂天花
10. 空中大厅塔尖
11. 室内景观
12. 空中中庭
13. 一层大堂室内

成都市高新区天府大道北段966号

四川，成都

设计公司：中国建筑西南设计研究院有限公司
主持建筑师：钱方

建筑师团队：刘艺、张宗腾、周扬、彭彦、黄怀海、张嘉琦
结构设计：冯远、伍庶、曹莉、蒋朝志、张蜀泸
给排水设计：李波、靳雨欣、张容宁
暖通设计：戎向阳、路越、付刚
电气设计：徐建兵、银瑞鸿、吴维全、关怀、郑宇
幕墙设计：董彪、殷兵利、李铭
景观设计：张宗腾、黄怀海、周杨

设计周期：2010—2017年
建成时间：2019年
总建筑面积：163,955平方米
工程造价：111,560.67万元
主要建造材料：铝合金雕刻板、金属铝板、玻璃
获奖情况：2020年中国建筑西南设计研究院优秀工程一等奖
摄影：张勇军（存在建筑摄影）

成都天府国际金融城是成都市向南发展的重要标志性项目，于2008年建成投入使用，它以“现代、简约、优雅”的方式，营造花园般的环境。总体放射型花瓣布局使园区的空间与城市关系密切，已成为该区域的标志性建筑。基于土地有效利用、经济性诉求及园区功能业态的调整，建设方在园区内计划加建配套的办公及公寓。设计结合该区域的规划及城市设计，从总体策划入手将该项目设计成双子塔，极大地改变了城市中轴线两侧建筑形态在天府大道该区域的单维形象。新建双子塔主要包含两栋超高层塔楼、连接地铁站厅的地下配套商业及车库等，总建筑面积约16.4万平方米 。塔楼北楼为公寓及配套服务商业，南楼为办公及商务会议功能，建筑高度均为220米。双子塔布局延续了一期建筑的格局及与街道的关系，以双子塔对称轴为东西轴，向西延伸作为交子大道的收头节点，向东越过该片区中央公园，面对府南河。

该片区东西向轴线与城市南北主轴——天府大道垂直相交，金融城正好处于两个轴线交点的偏西位置，周边的建筑高度几乎一致（均在100米左右），缺少视觉的焦点。新建双子塔的布局以视觉均衡为原则，继续保持园区建筑整体的向心性，延续放射状布局。双子塔的体量很好地确定了该区域城市节点空间的地位，视觉维度由原来的单维转向多维的呈现，周边街区的活力因此被激活。

双子塔延续了一期建筑的双层表皮策略，外层铝合金雕刻板保证了建筑立面视觉效果的纯粹优雅。成都过渡季节较长，气候温和，内表面可开启的外窗能够充分利用自然通风；视觉与功能在立面上的分层处理，使得内层表面可以设置实墙，从而降低窗墙比；外层立面的铝合金雕刻板同时起到了遮阳作用，有利节能；椭球形的形态外立面的清洁及维护困难，双层表皮之间的马道系统为玻璃的清洗、立面的清洁维护提供了方便，两者的共同作用降低了高空抛物的隐患。

这是一个城市发展新区在建设过程中，适应社会需求、规划调整、经济考量及土地整合不断变化情况下的“点穴”式设计，多维度的设计思维考量及全过程的综合评判贯彻始终，从目前完成的效果来看，社会效益和经济效益明显，给该城市片区带来了巨大的公共空间活力。

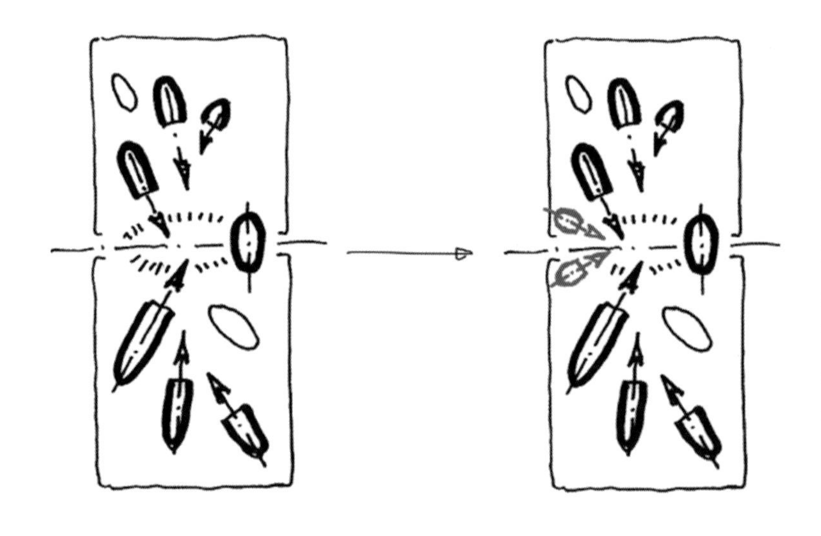

放射性布局的园区格局

1. 沿西侧街道看双塔

天府国际金融

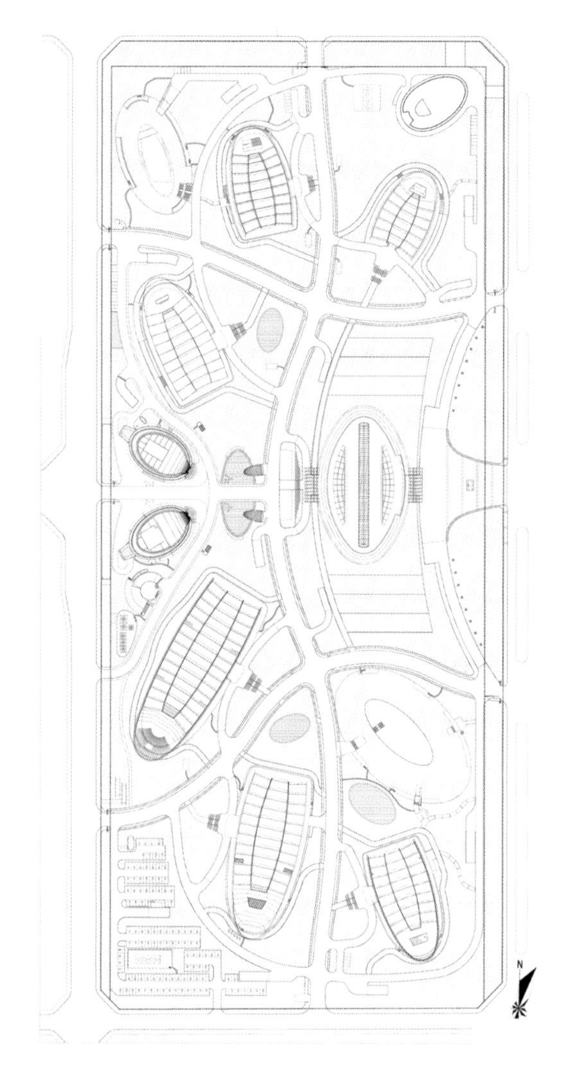

总平面图

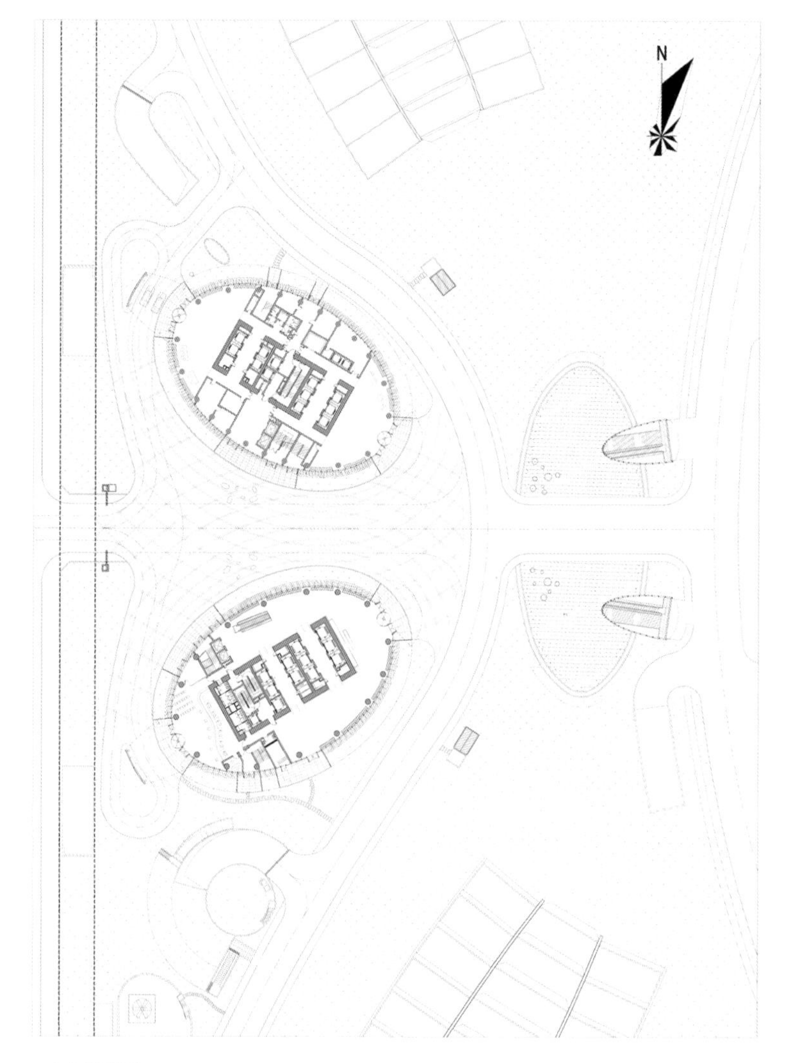

一层平面图

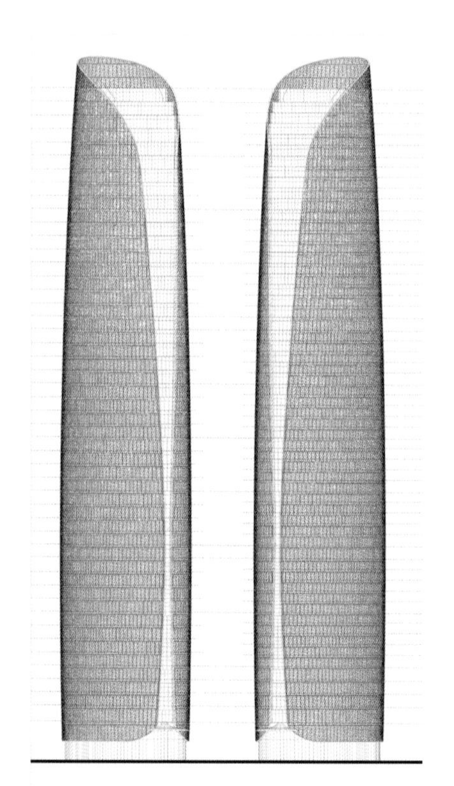
立面图

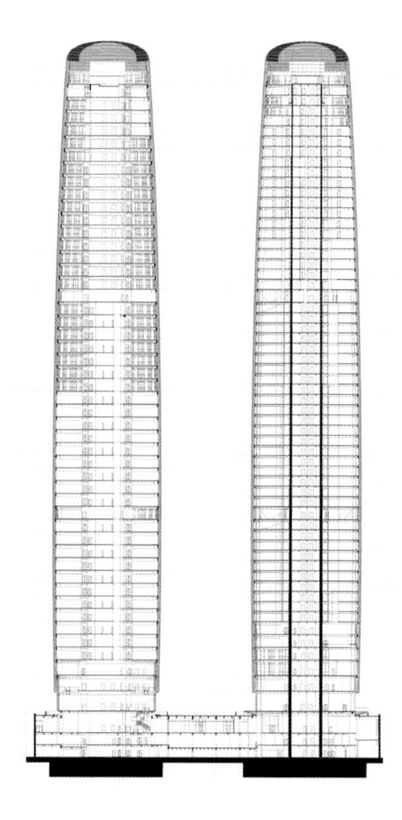
剖面图

2
3

2. 从金融城向西看交子大道
3. 东侧中央公园看金融城

4		7
5	6	8

4. 双塔竣工园区鸟瞰
5. 220 米高度的建筑鹤立于城市东西轴的中段，以独特的形态成为该区域的标志和象征
6. 双子塔双层表皮细节
7. 同构的建筑形体
8. 园区夜景

无锡量子感知研究所

江苏，无锡

设计公司：上海联创设计集团股份有限公司
主持建筑师：钱强

建筑师团队：杨佳蓉、冯海花
结构设计：许建华、耿彦旻、何利
景观设计：南京中山台城设计院

设计周期：2014—2015 年
建造周期：2015—2018 年
总建筑面积：2884.3 平方米
工程造价：781.75 万元
主要建造材料：金属百叶、铝板、Low-E 中空玻璃、涂料
获奖情况：上海市建筑学会第八届建筑创作奖提名奖
摄影：MLEE 建筑摄影工作室

无锡量子感知研究所是依托中国科学技术大学杜江峰院士负责的中国科学院微观磁共振实验室，是一栋以研发办公为主的院士工作站，设计通过对建筑表皮的巧妙折叠处理，突出江南建筑清秀轻盈的建筑气质；同时玻璃幕墙与折板的运用，凸显出建筑静谧独特的东方神韵。在物理学中用到量子的概念，是指不可分割的基本个体，“量子化”的数值为特定值，而非任意值，因此，把细部设计作为空间设计的重要组成部分，高品质的呈现高科技的美。

设计特点

项目基地方正、平坦，建筑采用简洁的方盒子形状，与周围垂直正交的道路对应。结合功能的垂直分布，建筑被分解为上下 3 个体量，采取叠加、错动的手法形成基本形态。靠高铁线一侧和屋顶采用面板折叠的手法，倾斜的墙面回应了已建成高铁站的造型。

建筑南侧为实体墙面开竖向长窗，有利于隔绝南侧高铁噪声。北侧及东西侧以玻璃幕墙为主，外置金属百叶，为建筑的主要采光面。

体量的错动，面的折叠同时生成了二层的活动平台和雨棚。朝东的折面顺势落地形成较实的界面，安排辅助功能（必需保留的变电站），设置独立的变电站出入口。

建筑如何体现所在地域的特性并具备与科学研究暗合的气质是设计的一大挑战。设计采用了金属百叶“离瓦”，竖向陶板等具有轻、透、薄特征的建筑材料进行镂空拼接，营造出极具江南水乡韵味的半透明轻盈建筑。并从布局、材料、工艺等方面实现建筑低碳、节能、环保的设计理念，使之具备贴合科学研究的气质：在平面布置上采用合理的布局来获得良好的采光，并充分利用自然通风，达到了被动节能减排的目的。建筑物本身的节能措施为外墙和屋面采用 A 级保温板及幕墙，外窗采用隔热金属型材多腔密封 Low-E 中空玻璃。

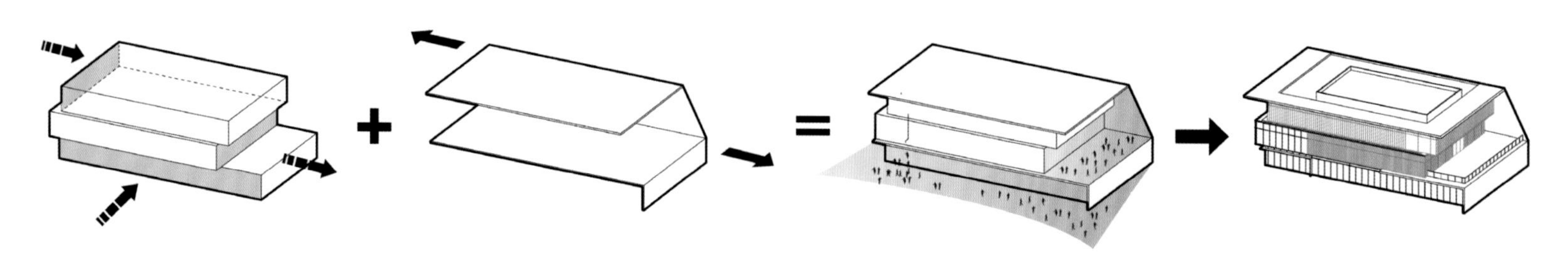

形体形成

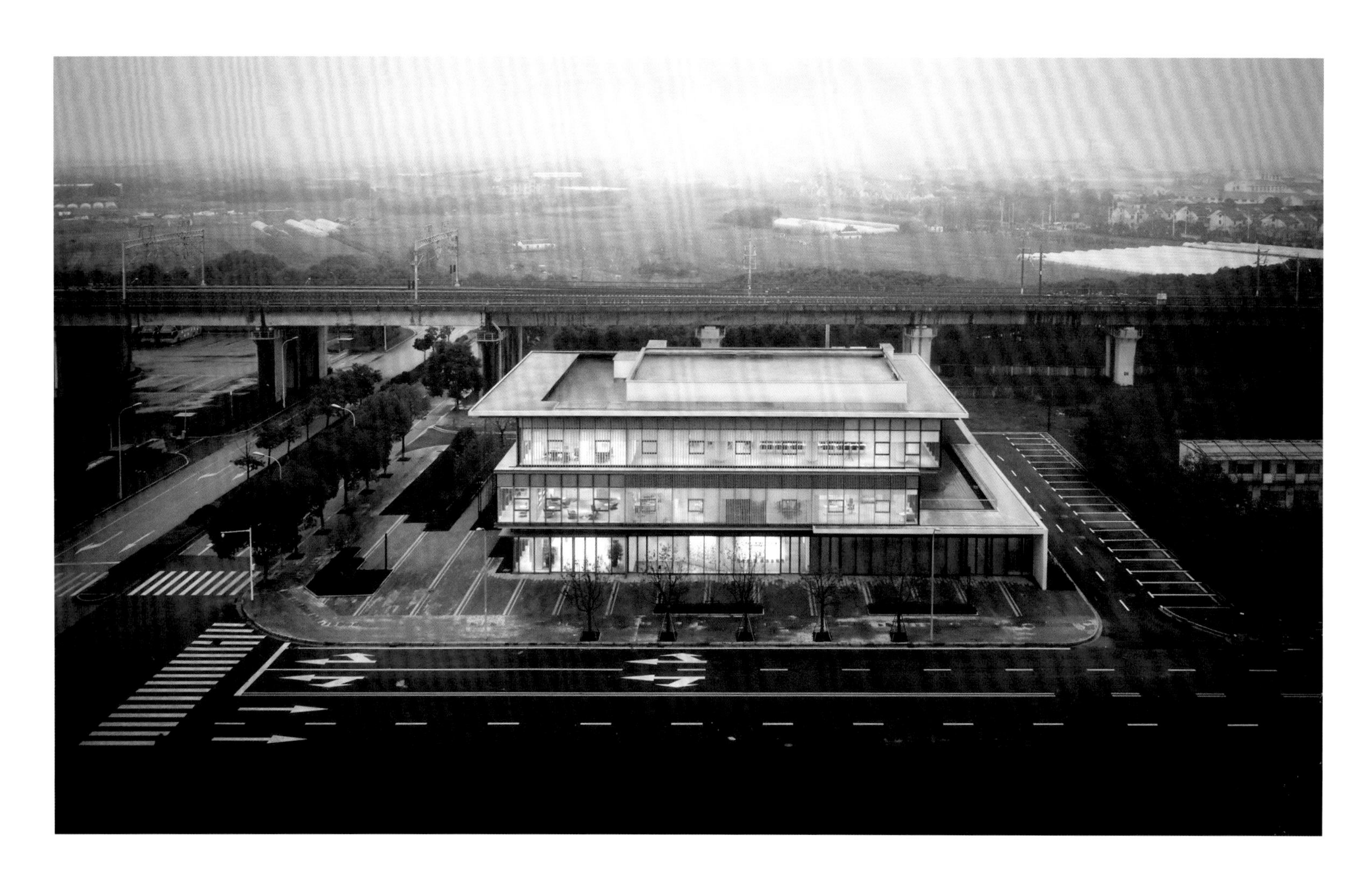

1
2

1. 东北侧鸟瞰
2. 东侧鸟瞰

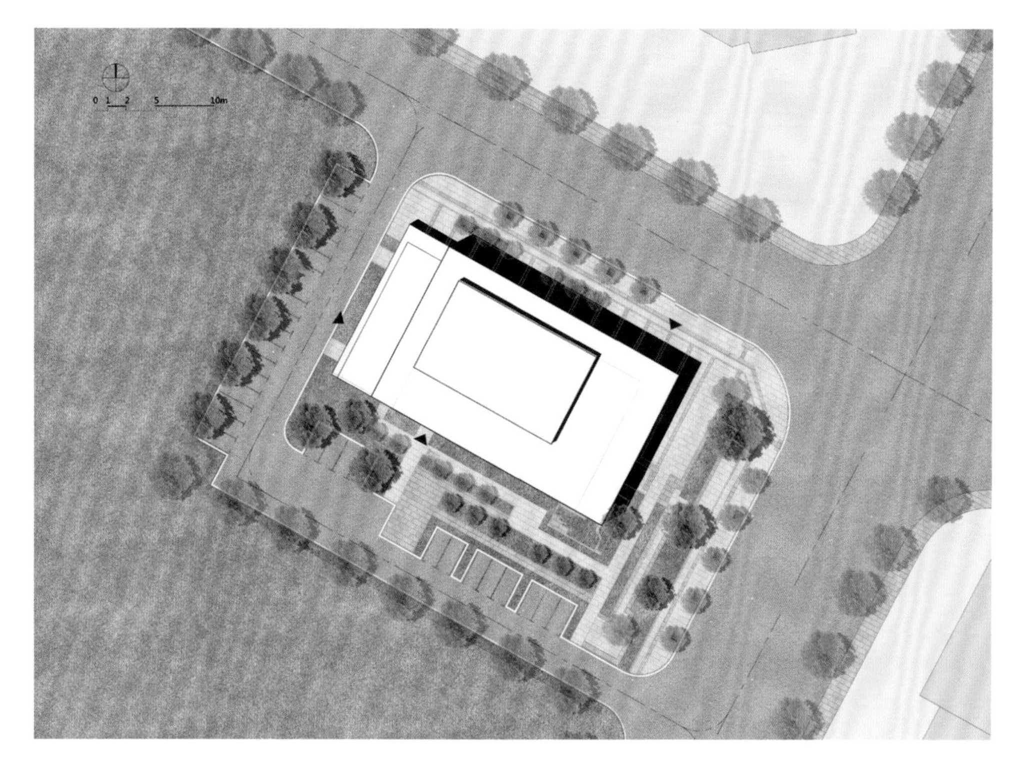

总平面图

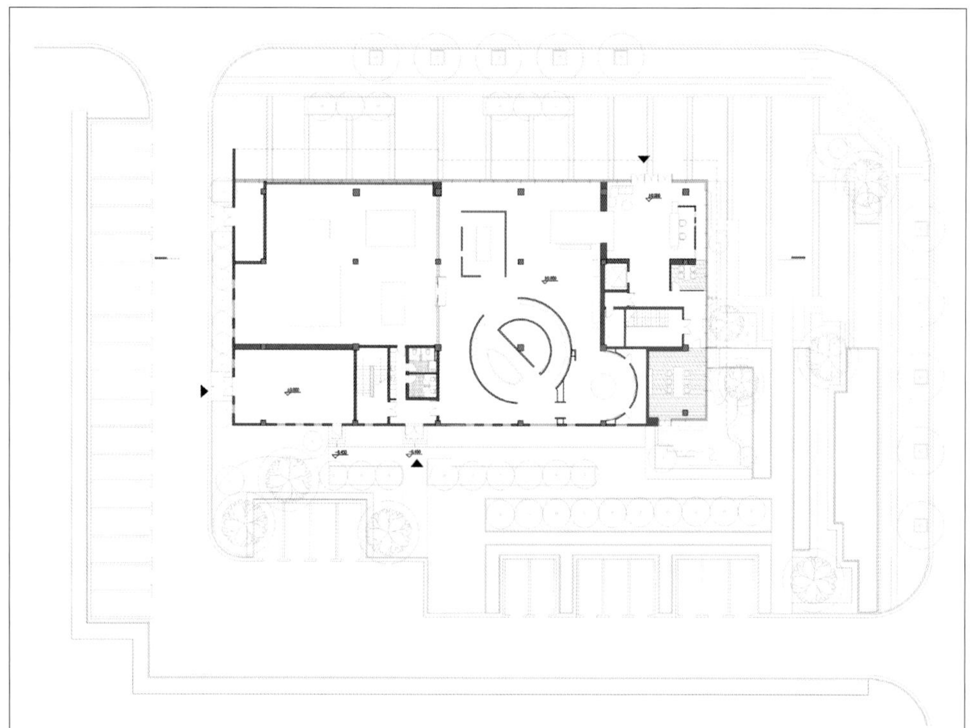

一层平面图

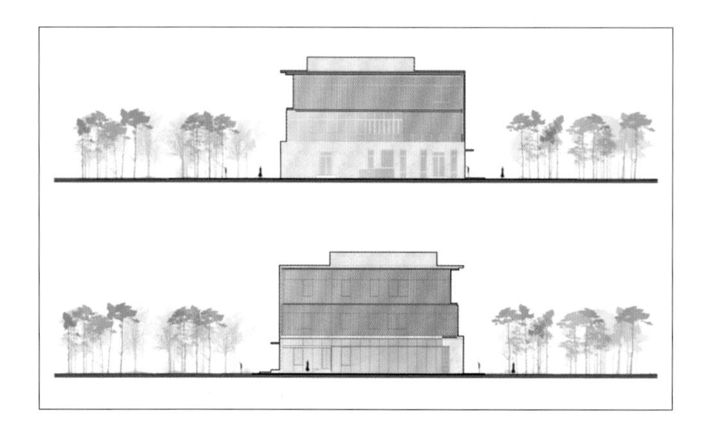

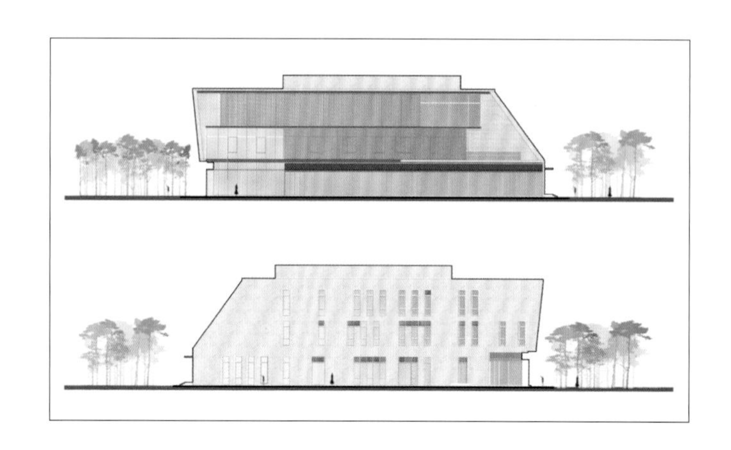

立面图

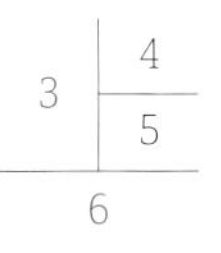

3/4. 局部透视
5. 东南侧细部
6. 东南侧近景

7
8 9
10
11

7. 透视
8/9. 细部透视
10. 室内办公区全景
11. 室内透视

水西工作室

中国，天津

设计公司：天津华汇工程建筑设计有限公司
主持建筑师：周恺

设计周期：2015—2018 年
总建筑面积：700 平方米
摄影：天津华汇工程建筑设计有限公司

水西工作室是建筑师周恺设计使用的工作室。基地周边多是居住区，没有多少可以观赏的景色，加之建筑师本身也希望营造一种内敛、安静的氛围，因此在设计中弱化表现外部形态，着重表达内部空间。

设计中最具特色的是对自然光线的利用。建筑中有 15 道大小不一、或长或方的天窗，用最简洁的白墙，以最朴素的形态承托光影的变化。随时间、天气、季节的改变，瞬息而变的光影总是能给人带来惊喜。

建筑内部有公共和私密两个分区。公共区域主要包括办公和休闲空间，私密区域主要用于休息和临时居住。建筑中心是一个两层通高的厅，平时用于展示项目的工作模型，也可以举办规模不大的会议或者聚会。一层南侧主要是休息和休闲空间，压低的空间尺度令人舒缓、放松。建筑南侧还有一个小院子，种着海棠和竹子，四季变化的自然触手可及。建筑二层是办公空间，分置在中厅的南北两侧，并借助两个较大的洞口向展厅打开。

建筑内部由 3 部楼梯引导出 3 条路径，将各个空间联系起来。3 条路径交汇于二层东侧的连廊，建筑师在连廊侧墙上低于人眼的高度开了一条通长的“缝”，刻意压低视线，将人们的关注点引向展厅，又使行走的体验充满了如捉迷藏般的乐趣。

1

1. 天窗与中厅空间

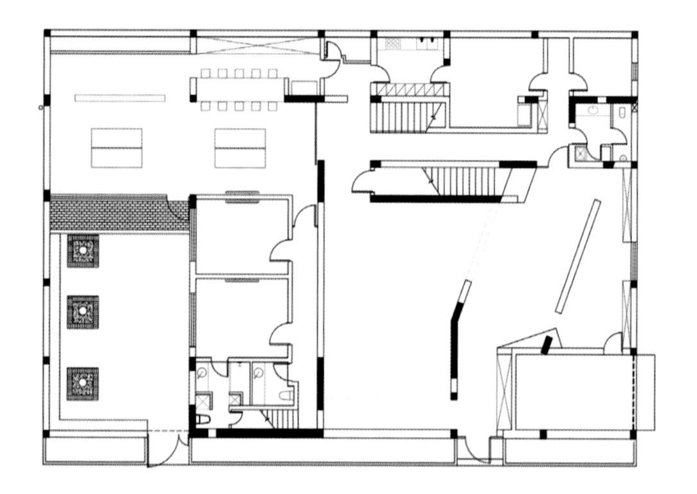

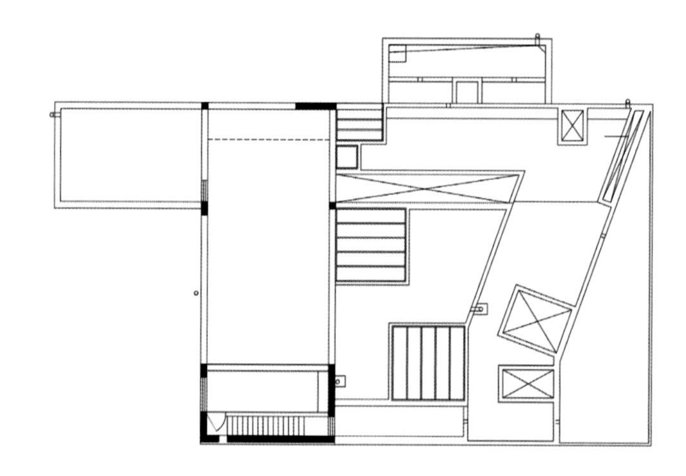

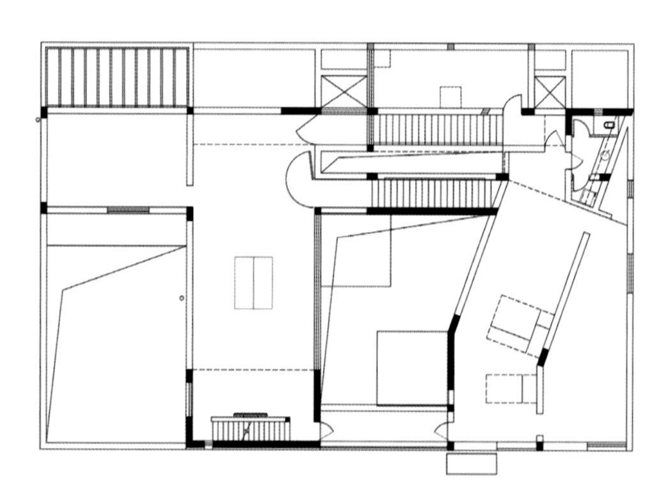

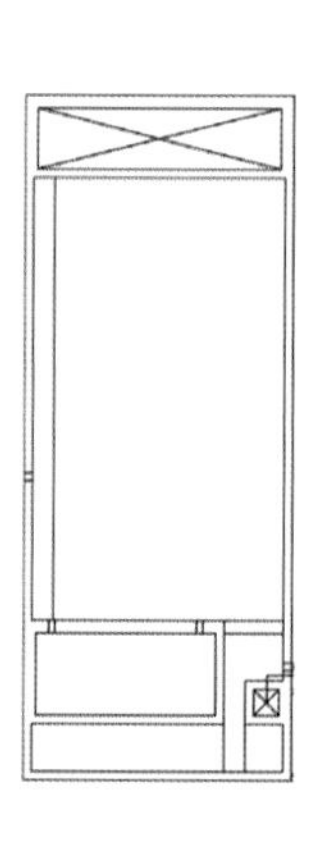

平面图

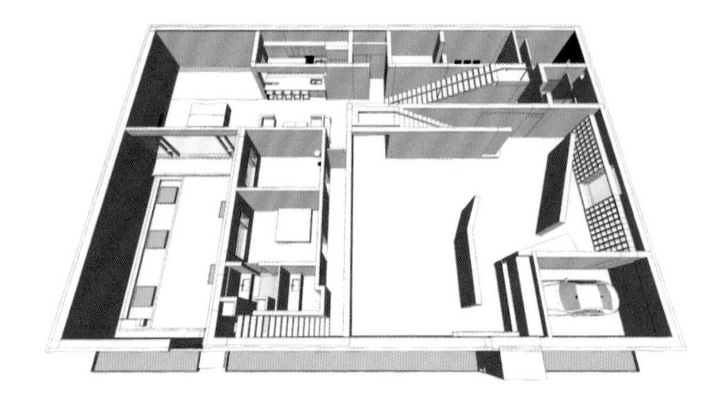

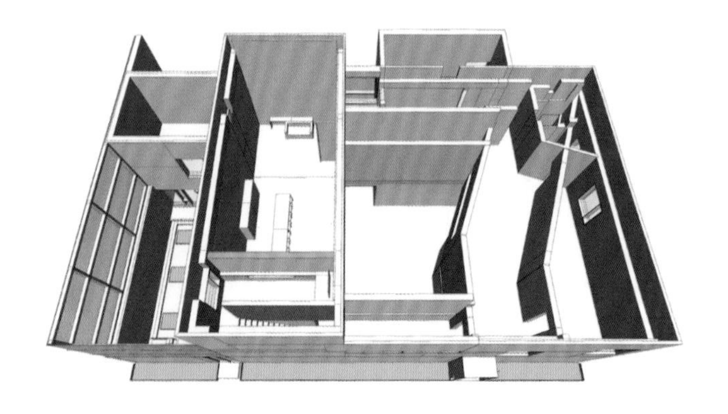

2 | 3
4

2/3. 工作室主入口
4. 自然光的引入

5 | 6 | 7
8 | 9

10
11 | 12

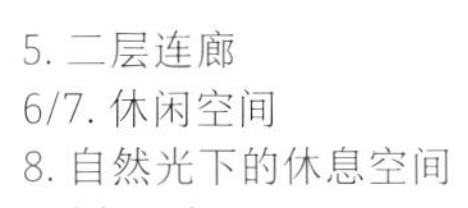

5. 二层连廊
6/7. 休闲空间
8. 自然光下的休息空间
9. 展示厅
10. 休息空间
11. 自然光下的展示厅
12. 室内通道

郑州天健湖大数据产业园展示中心

河南，郑州

设计公司：上海联创设计集团股份有限公司
主持建筑师：陈琛

建筑师团队：陈琛、郭悦、刘清泉、姜素梅、陈栋、张珂铭

设计周期：2018 年 6 月—2018 年 10 月
建造周期：2018 年 10 月—2019 年 5 月
总建筑面积：3400 平方米
工程造价：3000 万元
主要建造材料：钢材、玻璃
获奖情况：第六届 CREDAWARD 地产设计大奖优秀奖
摄影：存在建筑摄影

这是一朵祥云的故事。郑州天健湖大数据产业园展示中心是郑州市高新区的一颗明珠，大数据产业园坐落在湖畔。云，无限的虚拟空间里真实的存在，大数据产业的象征符号，成为最初启发设计创想的源头。祥云，是中国传统文化吉祥纹样之一。于是，祥云出岫，一个从传统文化抽象的设计创想在天健湖畔诞生。

天行健，过水无痕，水天圆融耀星空；
云飞扬，大象无形，技艺汇聚化祥云。
取无形之妙道，用曲线自由随形就势；
拟虚实之奇观，让光影随建筑在游走；
造高低之起伏，律动山水行云之意向；
塑祥云之意理，层云暗藏科技之奥玄。

这是一个小建筑但具有丰富的文化内涵。科技未来的大数据产业用怎样的形象来诠释和代言，既能表达和城市环境的和谐，又能体会文化审美的意境。祥云，是生发于“云”这个科技未来符号，又升华有变幻和美好的寓意。抽取祥云图案中优雅流动的曲线元素，简化为几组逻辑清晰、构成美观的几何曲线。高低不同的曲线在空间上自由组合，连绵起伏之势如祥云飞腾，充满律动，飞扬而不声张，蜿蜒不乏力量。传统文化中的祥云图案转化在空间中和景观中，形成流动感的视觉形象和空间特色。玻璃和结构杆件的虚实辉映，让随时间变化的光影成为建筑流动的外衣，体现了中式审美对于山水画行云流水的想象。大地星空的图底关系，衬托了小建筑容纳着大宇宙观的开阔思维。于是，空间美、建筑美、结构美和景观美合而一体。

文化创新和设计包容是祥云的特色，以文化作为创新的基石，融汇建筑、景观、室内的设计，将设计理念统一完整的和谐呈现。山水的呼应、风云的交织、时空的变化、能量的汇聚、宇宙的辽阔、思维的无际，大主题和小建筑的内在合体。

除了建筑设计，团队被授权协同管理幕墙、景观、灯光、室内各门类的方案和实施，大设计聚焦在一个小建筑上。祥云伏地的景观似大地星空，行云流水的灯光映人间晚照，流转汇聚的室内展科技未来，祥云腾起的火炬擎时代今朝。业主的管理，设计的坚持，施工的马不停蹄，一个团队的努力与坚持迎来了祥云的绽放。

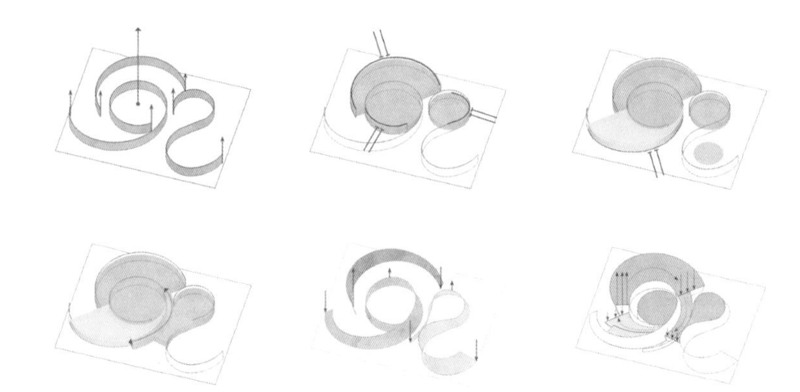

形体形成

1

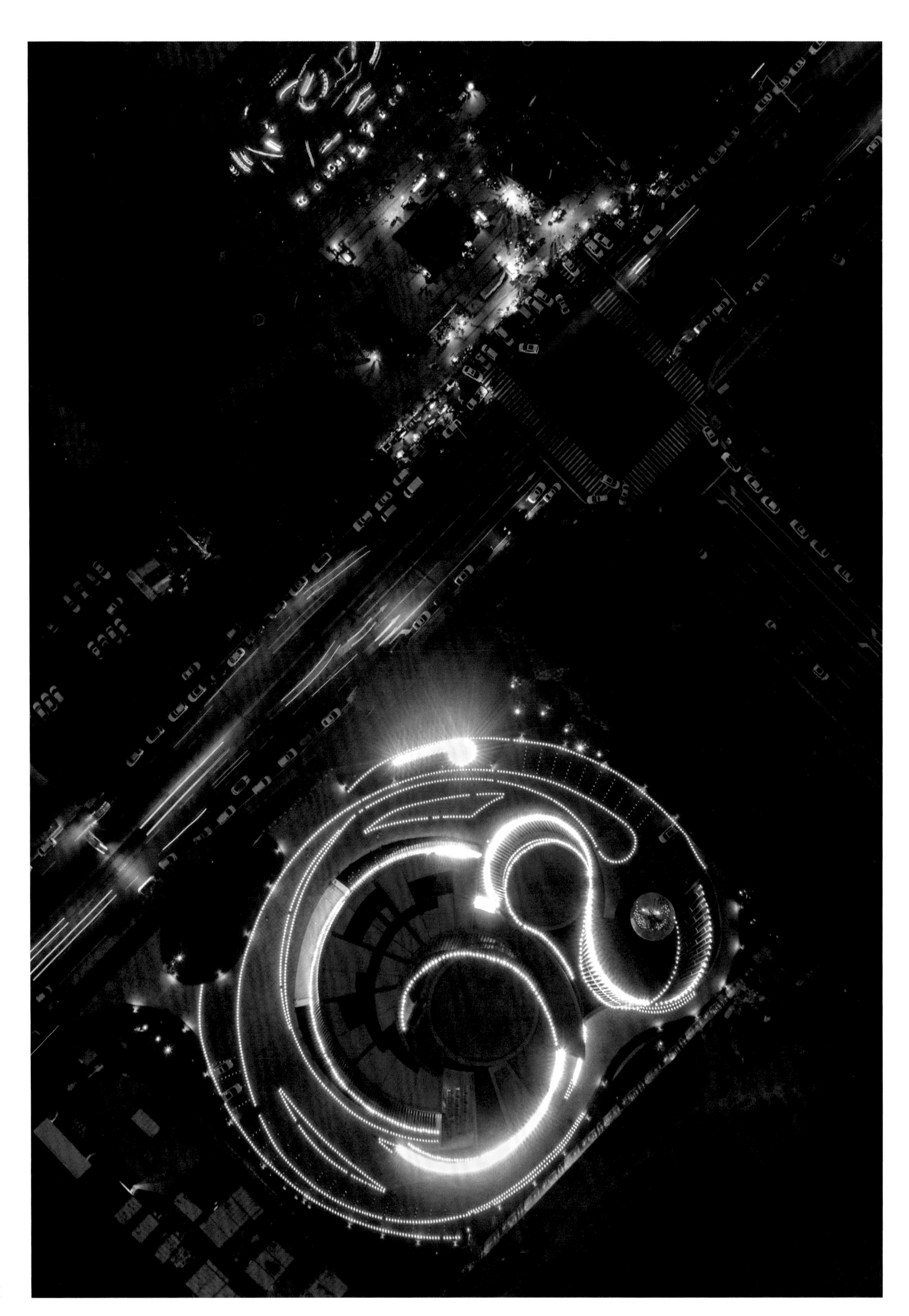

1. 夜景鸟瞰

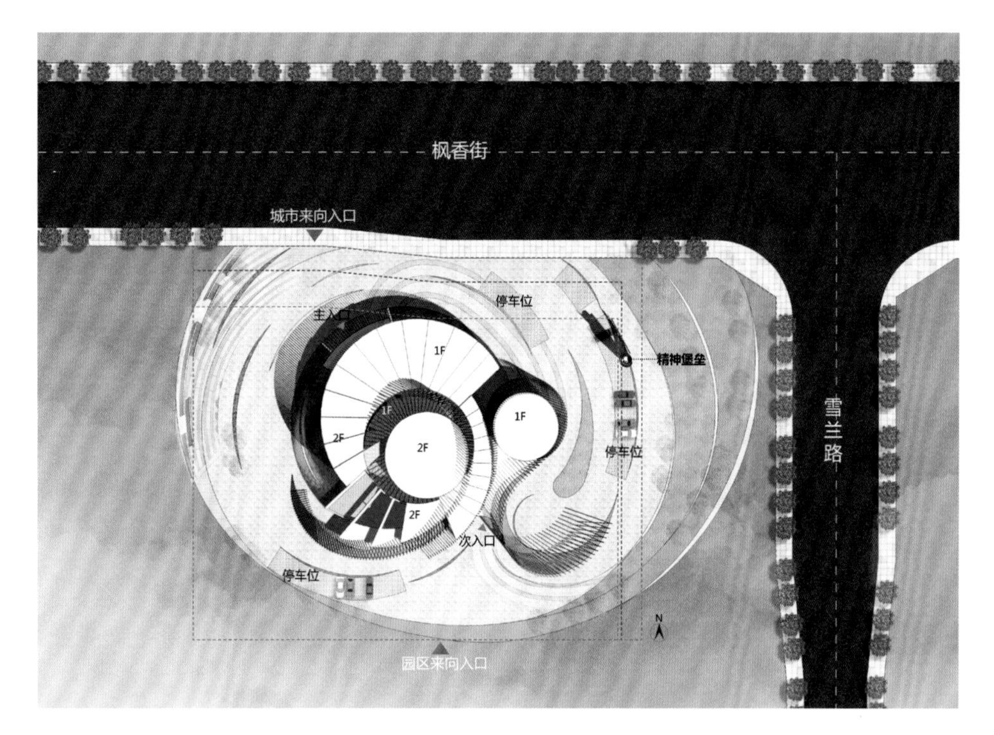

总平面图

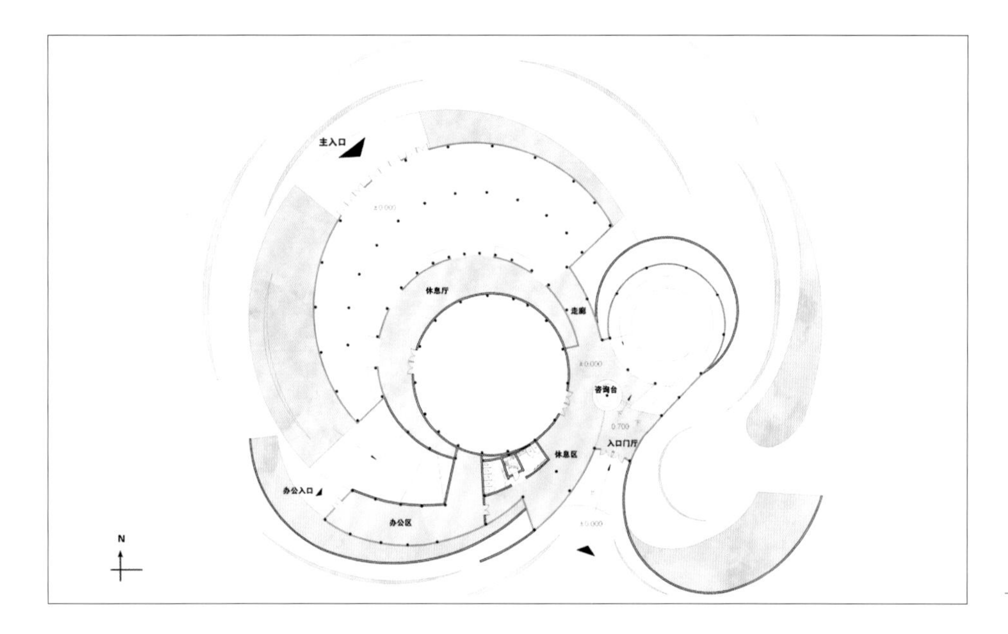

一层平面图

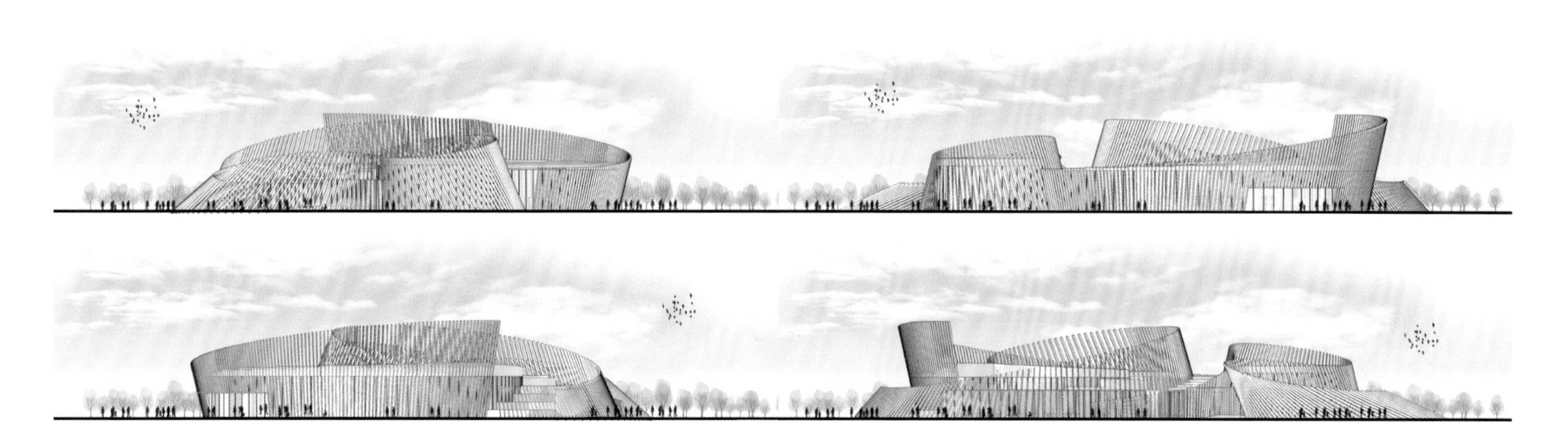

立面图

2
3

2. 入口远景
3. 整体透视

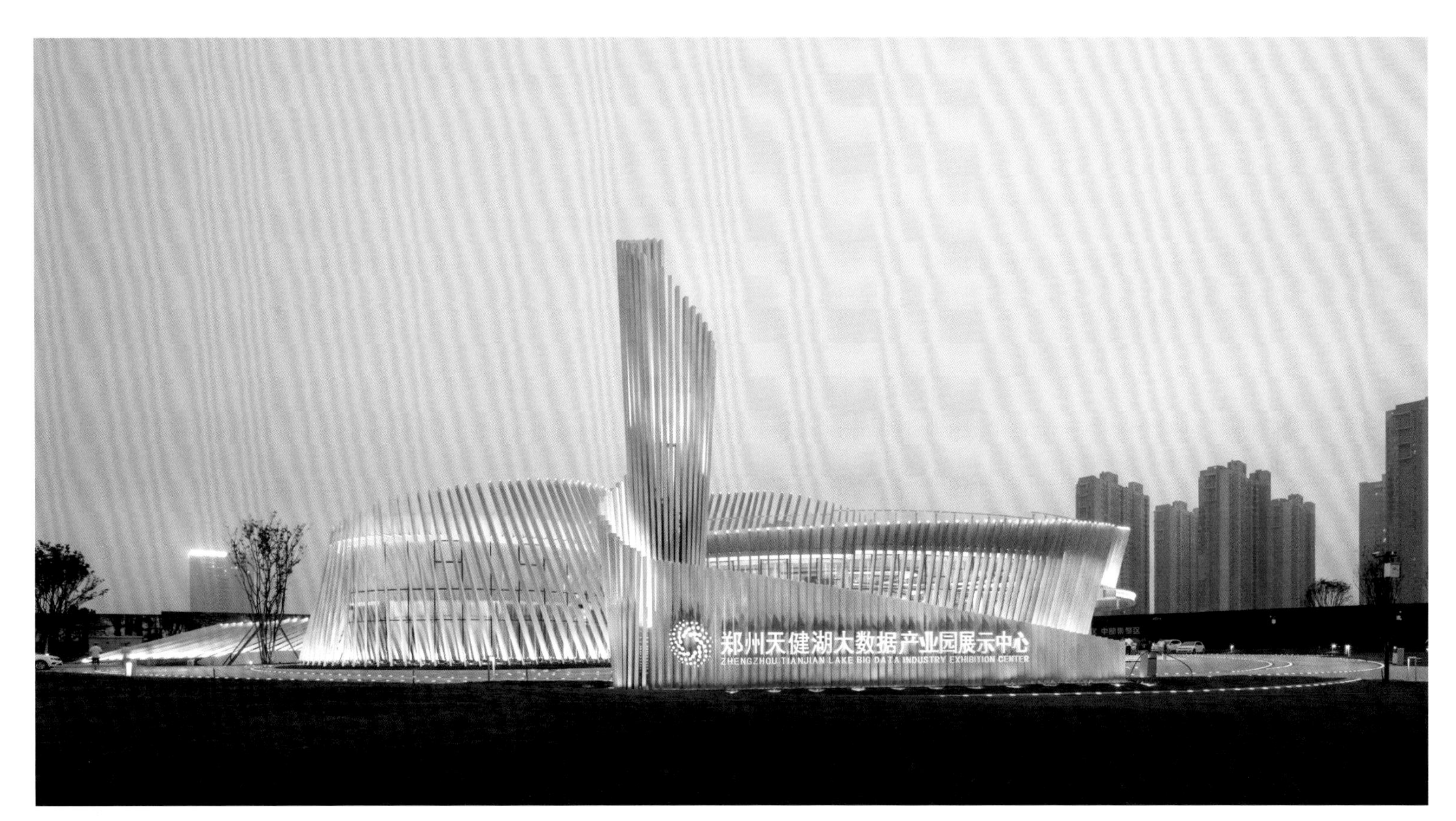

4	5	7
6		8

4/5. 建筑立面细部
6. 鸟瞰
7. 建筑立面细部
8. 透视

中铁·青岛世界博览城会议中心

山东，青岛

设计公司： 青岛腾远设计事务所有限公司

建筑设计： 黄健、游又能、夏向宁、褚玉亮、曲立坤、蒋宏蕾
室内设计： 程飞、任华龙、王程玉、王俊杰
结构设计： 孙绍东 赵琳
设备设计： 王娟、郭松 、衣卫国、周夫、温孚凯、 杨建

设计周期： 2016 年 4 月—2017 年 7 月
建造周期： 2016 年 10 月—2019 年 3 月
总建筑面积： 131,689.11 平方米
工程造价： 121,520.35 万元
主要建造材料： 钢筋混凝土、建筑钢材
获奖情况： 2019 年美国建筑大师奖（Architecture MasterPrize）公共空间类年度大奖（Winner）
2018—2019 年意大利 A' Design Award 铂金奖
2018 Best of Year Awards （美国）——公共空间设计大奖
青岛市 2019 年度优秀工程勘察设计评选（建筑工程类）一等奖
第七届全国 BIM 大赛设计组三等奖
2017 年度山东省建筑信息模型（BIM）技术应用成果设计组二等奖
摄影： 王恺

项目位于国家第九个经济新区——青岛西海岸新区，集精品展览、停车楼、会展办公、国际酒店、会议中心等多个功能区于一体，总建筑面积约 13.1 万平方米，地上建筑面积 9.43 万平方米，地下建筑面积 3.67 万平方米。

会议中心综合体作为整个博览城的地标性建筑，设计立足青岛自然文化特点，突出海洋特色，着重体现海上“丝绸之路”战略构想，建筑与海浪融为一体，神似飘扬的丝带缠绕成为一个中国结。建筑端部采用“动车头”造型，寓意融合“一带一路”的建设，将幸福带向大海，奔向世界。建筑形体以“丝绸之路”为主线呈带形流线布置，立面采用曲折多变的铝板材质铸“海浪”形态。

项目将展览会议、商务商业、酒店办公等产业链各功能区统一筹划，形成效益的闭环，以共享大厅为交通枢纽将不同功能区紧密地联系在一起，充分发挥各功能区的集约效益。会议中心面积 3.2 万平方米，拥有 3000 平方米超大无柱宴会空间，配备世界一流的智能化会议系统，可满足国际高标准会议需求。室内设计将建筑流线元素引入室内，融入海洋特色，在形式上表现出如同海浪一般的流线造型，并在局部引入金色的鱼群形成独特的灯具造型。在大厅公共区域，结合当地琅琊台文化打造建筑休闲区域，赋予空间厚重的历史感。设计以人文为纽带，引入城市会客厅理念，采用简洁的现代风格，合理运用自然光和人造光，打造出一个绿色、节能、以人为本的空间环境。

项目投入使用后，承担了上海合作组织青岛峰会分会场、东亚海洋合作论坛青岛论坛、博鳌亚洲论坛全球健康论坛主会场等重要使命，被指定为“东亚海洋国际论坛”永久会址，已成为青岛深度融入“一带一路”建设、面向东北亚乃至全世界的会展经济新平台。

1

1. 鸟瞰

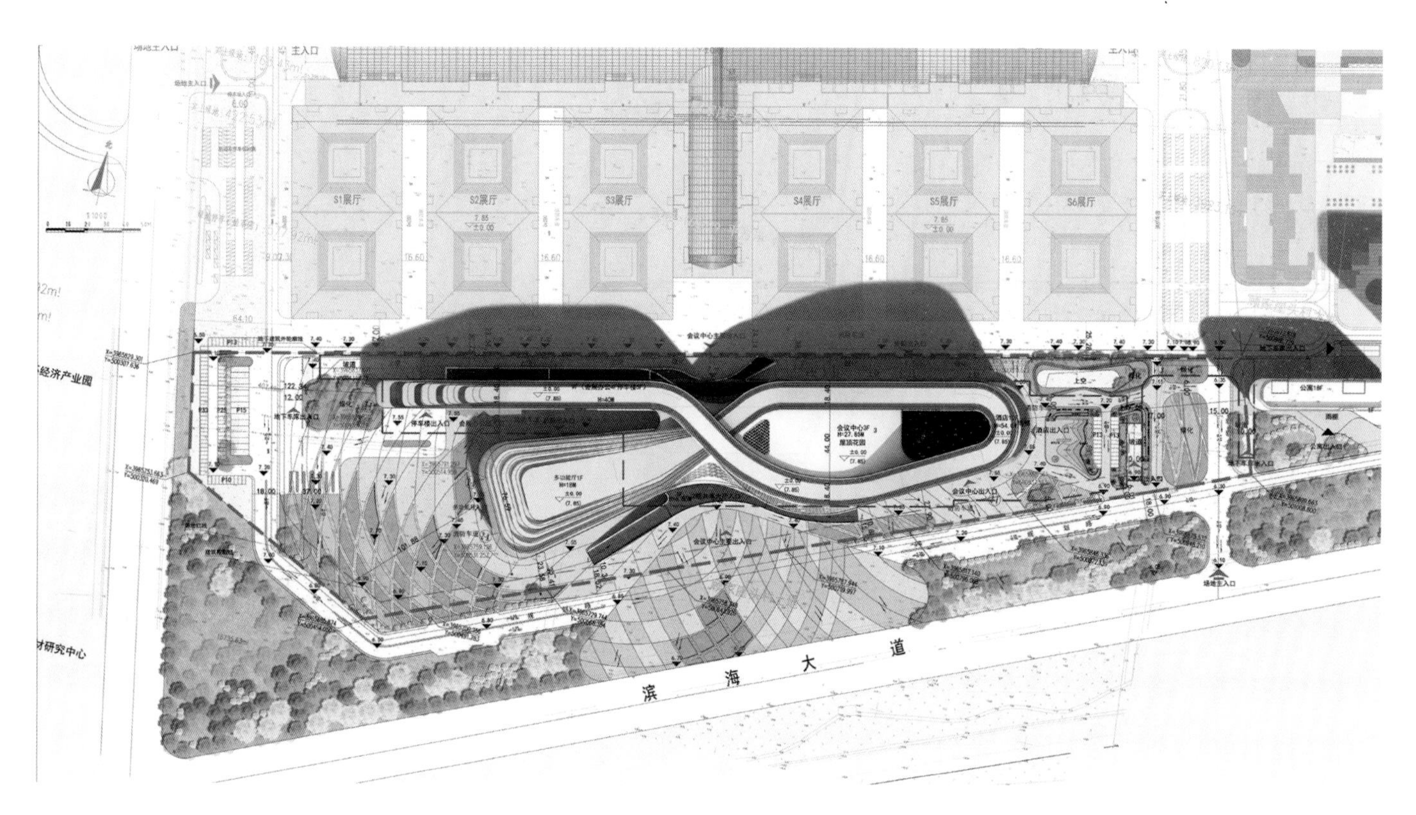

总平面图

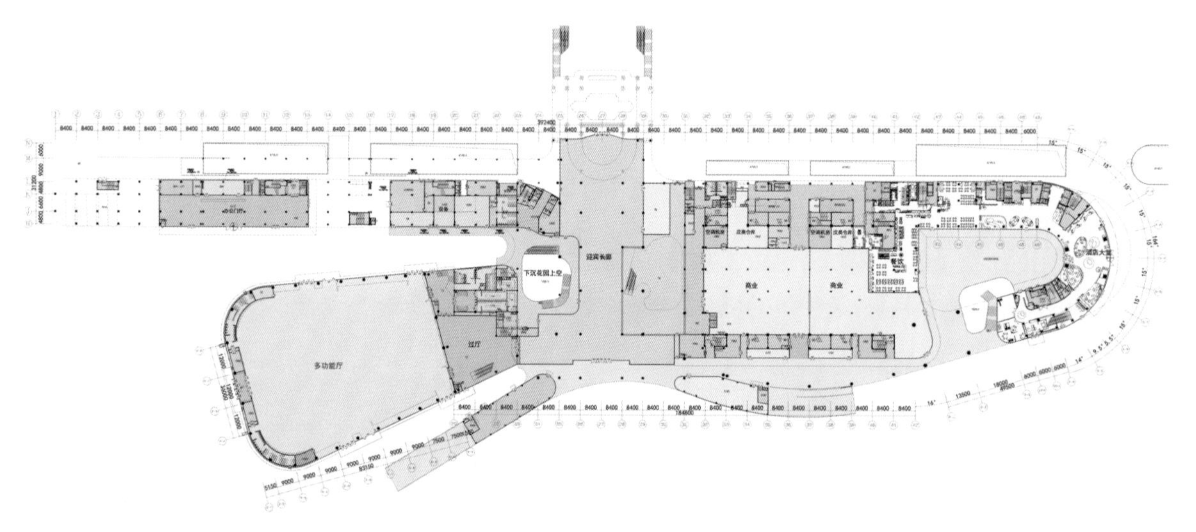

一层平面图

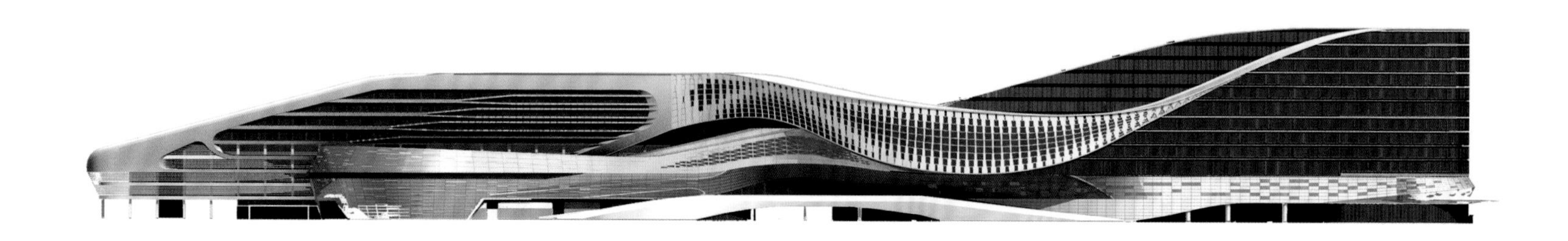

南立面图

2
3

2. 建筑夜景
3. 建筑群航拍

4. 会议中心南入口
5. 酒店入口
6. 会议中心北入口

4
5
6

7 | 8 / 9

7. 共享大厅
8. 文化展示区
9. 多功能厅